计算机平面设计专业

Illustrator CC
平面设计与制作（第3版）

Illustrator CC Pingmian Sheji yu Zhizuo

刘恒　主编

高等教育出版社·北京

内容提要

本书是计算机平面设计专业系列教材。全书采用案例教学方法，以"设计—完稿—成品"为主线，讲解平面设计软件 Illustrator CC 的使用方法，读者不仅可以学习软件的使用，还能够提高美术修养，同时可以了解成品的制作过程。

本书分为8个单元，主要内容有：认识 Illustrator、基础绘图、文字及图表设计、版式设计、平面广告设计、网页制作、包装设计与卡通插画设计。

本书配有网络教学资源，通过封底所附学习卡，登录网站 http://abook.hep.com.cn/sve，可获取相关教学资源，详见书末"郑重声明"页。

本书可作为职业学校计算机平面设计专业的教材，也可供各类电脑美术培训班作为教材使用，还可供广大电脑美术爱好者参考学习。

图书在版编目（ C I P ）数据

Illustrator CC 平面设计与制作 / 刘恒主编 . -- 3 版 . -- 北京：高等教育出版社，2022.3（2023.12重印）
计算机平面设计专业
ISBN 978-7-04-057380-0

Ⅰ.①I… Ⅱ.①刘… Ⅲ.①平面设计－图形软件－中等专业学校－教材 Ⅳ.① TP391.412

中国版本图书馆 CIP 数据核字 (2021) 第 247854 号

策划编辑 郭福生	责任编辑 郭福生	封面设计 李小璐	版式设计 张 杰	
责任校对 张慧玉 刁丽丽	责任印制 田 甜			

出版发行 高等教育出版社	网 址	http://www.hep.edu.cn
社 址 北京市西城区德外大街4号		http://www.hep.com.cn
邮政编码 100120	网上订购	http://www.hepmall.com.cn
印 刷 北京市白帆印务有限公司		http://www.hepmall.com
开 本 889mm×1194mm 1/16		http://www.hepmall.cn
印 张 8.5	版 次	2008 年 1 月第 1 版
字 数 180千字		2022 年 3 月第 3 版
购书热线 010-58581118	印 次	2023 年 12 月第 5 次印刷
咨询电话 400-810-0598	定 价	35.00元

前言

　　本书初版《Illustrator CS2 平面设计与制作》一书自 2008 年上市以来，深受广大读者欢迎。该书修订版《Illustrator CS5 平面设计与制作》（第 2 版）于 2013 年 6 月出版，至今已重印多次，一些学校的教师和读者也提出了很多好的意见和建议。为了更好地服务广大读者，本次对该书进行了第 3 次修订，保留了书中部分经典案例，并用最新版的 Illustrator CC 软件设计制作案例。

　　本书第 3 版具有以下特点：

　　（1）继续采用案例教学编写方式，通过一个个实例，将每个单元的知识点和软件的使用技巧以任务形式展示给学生，使学生学习的目的更加明确。

　　（2）对软件版本进行了升级。本书第 1 版、第 2 版分别是基于 Illustrator CS2、Illustrator CS5 编写的，随着 Illustrator 功能的不断完善，Adobe 公司推出了软件的新版本，本书第 3 版以 Illustrator CC 为平台进行编写。

　　（3）配套资源丰富，包括所有实例的素材、效果图以及各单元的教学课件等，大大方便了教学及读者自学。

　　（4）针对实际教学需求优化了教学内容。删除了第 2 版第 5 单元关于画册设计的内容，增加了网页制作的内容。

　　本书主要内容如下：

　　单元 1：使初学者认识 Illustrator CC，掌握 Illustrator CC 软件的启动与退出、文件的打开与保存等基本操作，会使用模板创建文件，特别是熟悉 Illustrator CC 工具箱中的各种工具。

　　单元 2：介绍使用 Illustrator CC 绘制基本图形的方法，包括选取操作、基本绘图工具的使用等，读者可以通过一个个实例举一反三，熟悉绘图工具的操作方法。

　　单元 3：通过文字和图表设计，展现了 Illustrator CC 强大的矢量文字处理功能及图表制作功能。

　　单元 4：通过名片与宣传单内页两个设计案例介绍 Illustrator CC 在版式设计方面的应用。

　　单元 5：讲述使用 Illustrator CC 设计制作宣传海报和书籍封面的方法，介绍如何通过色彩对比来体现画面效果。

　　单元 6：通过设计制作一个旅游网站首页，介绍如何使用 Illustrator CC 进行网页美工设计，并掌握网页布局的方法。

　　单元 7：通过两个案例介绍如何利用 Illustrator CC 进行产品包装设计。

　　单元 8：介绍如何使用 Illustrator CC 的"钢笔工具"绘制贝塞尔曲线，从而绘制色彩鲜艳、风格明快的卡通漫画。

本书配有网络教学资源，按照本书最后一页"郑重声明"下方的学习卡账号使用说明，登录http://abook.hep.com.cn/sve，可以下载相关素材、教学课件等教学资源。

本书由安徽马鞍山技师学院刘恒主编，并编写单元 1 和单元 2；曹守俊编写单元 3 和单元 4；许倩编写单元 5 和单元 7；严雪编写单元 6 和单元 8。安徽小马创意科技股份有限公司总经理和艺术总监从市场和应用的角度对本书的案例设计提供了很多帮助，并提出了许多有益的建议，在此表示诚挚的感谢！

需要特别说明的是，本书案例或作业中涉及的一些商品名称和形象，版权分别为各有关公司所有，本书的引用纯粹出于教学目的，在此向有关公司致以谢忱。

最后感谢您使用本书，希望本书能够对提高您的设计制作水平有所帮助。同时，也感谢为此次改版提出宝贵意见的同事们。由于编者水平有限，书中难免有错误或疏漏之处，敬请有关专家和读者批评指正。

读者意见反馈邮箱：zz_dzyj@pub.hep.cn。

编者

2021 年 8 月

目录

单元 1 认识 Illustrator

Illustrator 是一款矢量绘图软件，广泛应用于平面广告设计、书籍杂志排版、专业插画绘制、多媒体图像处理和网页制作等领域，也可以为线稿绘制提供较高的精度和控制，适合各种规模的设计项目，深受平面设计人员以及插画作者的喜爱。

自 2013 年 Illustrator CS6 改为 Illustrator CC 以来，Illustrator CC 的版本每年至少更新一次，功能日臻完善。最新版本的 Illustrator CC 的新特性包括：支持导入多页的 PDF 文件，可以调整锚点、手柄和边框的显示大小，可以使用"变量"面板进行数据合并，新"属性"面板允许用户在当前任务或工作流的上下文中查看设置和控件，使用"操控变形工具"可以扭曲对象或对象的一部分，画板更易于使用且可以创建多达 1000 个画板，支持可变字体以及可在单个字符中提供多种颜色和渐变的 OpenType SVG 字体，支持 MacBook Pro 键盘的触摸栏，可将样式集应用于文本，等等。

单元目标

学习本单元后，你将能够：

● 掌握启动与退出 Illustrator CC 软件的方法。

● 掌握 Illustrator CC 文件的打开与保存方法以及 Illustrator CC 支持的文件格式。

● 掌握 Illustrator CC 模板的使用方法。

● 熟悉 Illustrator CC 的工作界面、工具箱中的各种工具及面板。

1.1 Illustrator CC 的启动与退出

本书以 Windows 7 为平台，介绍 Illustrator CC 的启动与退出方法。

1.1.1 Illustrator CC 的启动

实施步骤

1 如图 1-1 所示，单击"开始→所有程序→Adobe Illustrator CC"，启动 Illustrator CC，出现如图 1-2 所示的工作界面。

2 单击"文件→新建"命令，出现如图 1-3 所示的"新建文档"对话框，输入文档的名称，设置画板的大小、出血的尺寸，选择文档的颜色模式后单击"确定"按钮，进入 Illustrator CC 的工作区域，如图 1-4 所示，这时就可以开始设计了。

图 1-1 启动 Illustrator CC

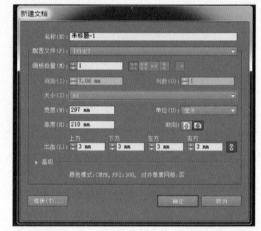

图 1-3 "新建文档"对话框

图 1-2 Illustrator CC 的工作界面

图 1-4 Illustrator CC 的工作区域

1.1.2 Illustrator CC 的退出

实施步骤

退出 Illustrator CC 的方法主要有以下 3 种：

方法 1：单击 Illustrator CC 标题栏右侧的"关闭"按钮。

方法 2：单击"文件→退出"菜单命令。

方法 3：按 Alt+F4 或 Ctrl+Q 快捷键。

1.2 文件的打开与保存

1.2.1 文件的打开

实施步骤

单击"文件→打开"菜单命令，出现"打开"对话框，如图 1-5 所示，选择需打开的文件，单击"打开"按钮，即可打开指定的文件。

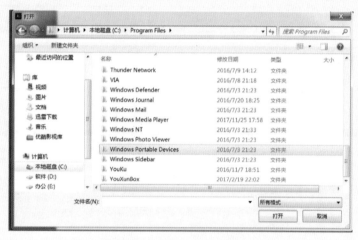

图 1-5 "打开"对话框

1.2.2 文件的保存

制作好的文件需及时保存，以防发生意外造成文件丢失。

实施步骤

 单击"文件→存储"菜单命令，若文件是第一次保存，需在"存储为"对话框的"文件名"文本框中输入指定的文件名，Illustrator 默认的文件扩展名为 .AI。

 如果要将当前文件以另外一个名称、另一种格式保存或保存到其他位置，可以单击"文件→存储为"菜单命令来另存文件。执行该命令时会弹出"存储为"对话框，如图 1-6 所示。保存类型包括 .AI、.PDF、.EPS、.AIT 和 .SVG 等。

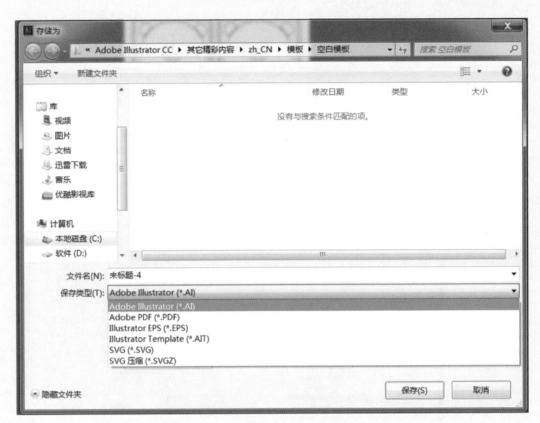

图1-6 "存储为"对话框

输出文件格式

为了使 Illustrator CC 制作的文件能够更加便捷地在其他软件中使用，常常需要将其导出为不同的文件格式。

Illustrator CC 文件可以导出为以下格式。

· AutoCAD 绘图（.DWG）：AutoCAD 的标准文件格式，只能在 AutoCAD 中使用。

· AutoCAD 交换文件（.DXF）：用于 AutoCAD 与其他应用程序交换绘图文件。

· BMP（.BMP）：Windows 平台的标准图像格式，支持 RGB、索引颜色、灰度和位图颜色模式，但不支持 Alpha 通道。BMP 是一种与硬件设备无关的图像文件格式，应用非常广泛。它采用位映射存储格式，除了图像深度可选以外，不进行其他任何压缩，因此，BMP 文件所占用的空间较大。BMP 文件的图像深度可以是 1 位、4 位、8 位或 24 位。在 Windows 环境中运行的图形图像软件都支持 BMP 图像格式。

- Flash（.SWF）：一种基于矢量图形的动画文件格式，可以将 Illustrator CC 图稿直接转换为 Flash 动画，或导出为 SWF 格式后在 Animate CC 中进行编辑。在导出时，可以从各种预设中进行选择，以确保获得最佳输出，并且可以指定如何处理多个画板、符号、图层、文本以及蒙版。例如，可以指定是将 Illustrator 符号导出为影片剪辑还是图形，或者可以选择通过 Illustrator 图层来创建 SWF 符号。

- JPEG（.JPG）：JPEG 是 Joint Photographic Experts Group（联合图像专家组）的缩写，是最常用的图像文件格式之一。JPEG 是网页上常用的一种图像格式，它可以存储 RGB 或 CMYK 颜色模式的图像，但不能存储 Alpha 通道，也不支持透明。JPEG 是一种有损压缩，图像质量会有所降低，但肉眼无法觉察。

- Macinotosh PICT（.PCT）：PCT 文件格式的特点是它能够对大块相同颜色的图形进行非常有效的压缩。PCT 格式支持 RGB、索引颜色、灰度和位图颜色模式，在 RGB 颜色模式下还支持 Alpha 通道。

- Photoshop（.PSD）：Photoshop 软件专用的文件格式。它可以支持 Photoshop 的所有特性，包括 Alpha 通道、专色通道、多种图层、剪贴路径、任何一种颜色模式、参考线、注解等信息。PSD 是一种常用的工作区文件格式，因为它可以包含所有的图层和通道信息，所以可随时进行修改和编辑。如果图稿包含不能导出到 PSD 格式的数据，Illustrator 可通过合并文档中的图层或栅格化图稿以保留图稿的外观。

- PNG（.PNG）：PNG 图像采用无损压缩，兼具 JPEG 和 GIF 格式的优点，可用于网络图像。与 GIF 格式不同的是，PNG 支持 24 位真彩图像并支持透明背景和消除锯齿功能，但某些 Web 浏览器可能不支持 PNG 格式。

- Targa（.TGA）：TGA 格式专门为使用 TrueVision 视频卡的系统而设计。导出时可以指定颜色模式、分辨率和消除锯齿设置，用于栅格化图稿。TGA 格式支持 24 位和 32 位 RGB 图像。

- TIFF（.TIF）：TIFF 是 Tagged Image File Format（标记图像文件格式）的缩写。TIFF 格式专为在不同软件间交换图像数据而设计，应用极为广泛，绝大多数绘图、图像编辑和页面排版软件都支持这种格式。

- Windows 图元文件（.WMF）：是 Windows 平台支持的一种图形文件格式，Windows 平台上运行的几乎所有绘图和排版程序都支持 WMF 格式。与 BMP 格式不同的是，WMF 格式文件是与设备无关的，即它的输出特性不依赖于具体的输出设备。但是，WMF 格式支持有限的矢量图形，在可行的情况下应以 EMF 格式代替 WMF 格式。

- 文本格式（.TXT）：用于将插图中的文本导出到文本文件中。

- 增强型图元文件（.EMF）：Windows 应用程序广泛用来导出矢量图形数据的交换格式。Illustrator 将图稿导出为 EMF 格式时可栅格化一些矢量数据。

1.3　模板的使用

Illustrator CC 提供了许多现成的模板，如信纸、名片、信封、小册子、标签、证书、明信片、贺卡等。用户也可以创建自己的模板。使用模板可以节省创作时间，提高工作效率。

实施步骤

 单击"文件→从模板新建"菜单命令，出现如图 1-7 所示的"从模板新建"对话框，选择所需要的模板文件，单击"新建"按钮，即可新建一个基于该模板的文件，模板中的字体、段落、样式、符号、参考线等都会加载到新建的文档中。

 单击"文件→存储为模板"菜单命令，可以将已制作好的文件保存为模板，文件名后缀为 .ait。需要使用该模板时单击"文件→从模板新建"菜单命令，然后选择该模板即可。

图 1-7　"从模板新建"对话框

1.4　工作界面、工具箱和面板

1.4.1　工作界面

Illustrator CC 的工作界面主要由菜单栏、工具属性栏、标题栏、工具箱、面板组、页面区域、滚动条以及状态栏等部分组成，如图 1-8 所示。

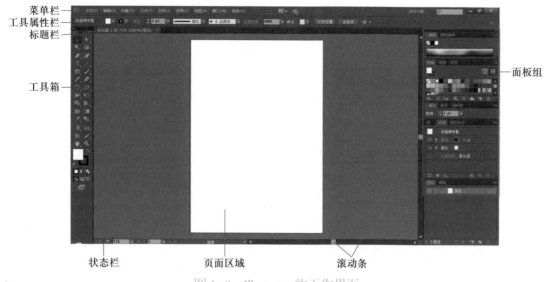

图 1-8　Illustrator 的工作界面

·菜单栏：包括 Illustrator CC 中所有的操作命令，主要有 9 个主菜单，每一个菜单包括一系列相关的子命令，通过这些命令可以完成 Illustrator 的所有操作。

·工具属性栏：选择工具箱中的一种工具后，会在 Illustrator CC 的工作界面中出现该工具的属性栏。

·标题栏：标题栏左侧是当前运行程序的名称，右侧是控制窗口的按钮。

·工具箱：Illustrator CC 的大部分工具有展开式工具栏，其中包括与该工具功能相类似的工具，可以更方便、快捷地进行绘图与编辑。

·面板组：使用各种面板可以快速设置对象的属性，它们是 Illustrator CC 中重要的辅助绘图工具。面板是可以折叠的，可根据需要分离、组合或停放在窗口中的任意位置，非常灵活。

·页面区域：指工作界面中间的白色矩形区域，这个区域的大小就是用户设置的页面大小。

·滚动条：当屏幕内不能完全显示出整个文档的时候，通过拖曳滚动条可以实现浏览整个文档。

·状态栏：显示当前文档视图的显示比例、当前正使用的工具、时间和日期等信息。

1.4.2　工具箱

Illustrator CC 的工具箱内包括大量具有强大功能的工具，这些工具可以使用户在绘制和编辑图像的过程中制作出更加精彩的效果。

Illustrator CC 启动成功后，默认状态下工具箱一般会出现在窗口左侧，可以通过拖动其标题栏来移动工具箱，还可以通过单击"窗口→工具"菜单命令来显示或隐藏工具箱。Illustrator CC 工具箱如图 1-9 所示。

1. 选择工具组

"选择工具" ![图标] 和"直接选择工具" ![图标] 都是用来选择操作对象的工具。使用"选择工具"，通过单击或拖动，可以选择对象和组，还可以选择组中的对象。使用"直接选择工具"，通过单击可以选择单个锚点或路径段，或通过选择项目上的任何其他点来选择整个路径或组。直接选择工具组包括两个工具，即"直接选择工具"和"编组选择工具"，如图 1-10 所示。使用"编组选择工具"，可在一个组中选择单个对象，在多个组中选择单个组，或在图稿中选择一个组集合，每单击一次，就会添加层次结构内下一组中的所有对象。

2. 魔棒工具

"魔棒工具" ![图标] 用来选择具有相同的填充颜色、描边粗细、描边颜色、不透明度或混合模式的对象。双击"魔棒工具"可打开"魔棒"面板，可以设置各个属性的容差，从而调节选择的范围。

3. 钢笔工具组

包括 4 个工具，分别为"钢笔工具""添加锚点工具""删除锚点工具"和"转换锚点工具"，如图 1-11 所示。"钢笔工具"用于绘制直线和曲线，以创建对象。"添加锚点工具"用于将锚点添加到路径中。"删除锚点工具"用于从路径中删除锚点。使用"钢笔工具"可以绘制的最简单的路径是直线，方法是使用"钢笔工具"通过单击创建两个锚点，按回车键后即可创建连接两个锚点的直线路径。通过添加锚点可以加强对路径的控制，也可以扩展开放路径，但最好不要添加多余的锚点，锚点较少的路径更易于编辑、显示和打印。可以通过删除不必要的锚点来降低路径的复杂性。"转换锚点工具"用于转换锚点的类型，例如，将角点转换为平滑点，或将平滑点转换为角点，以便修改路径。

图 1-9 工具箱

图 1-10 直接选择工具组

图 1-11 钢笔工具组

4. 文字工具组

包括 7 个工具，分别是"文字工具""区域文字工具""路径文字工具""直排文字工具""直排区域文字工具""直排路径文字工具"和"修饰文字工具"，如图 1-12 所示。"文字工具"用于创建单独的文字和文字容器，可以输入和编辑文字。"区域文字工具"用于将封闭路径改为文字容器，可以在其中输入和编辑文字。"路径文字工具"用于将路径更改为文字路径，可以在路径上输入和编辑文字。"直排文字工具"用于创建直排文字和直排文字容器，可以

在其中输入和编辑直排文字。"直排区域文字工具"用于将封闭
路径更改为直排文字容器，可以在其中输入和编辑文字。"直排
路径文字工具"用于将路径更改为直排文字路径，可以在路径上
输入和编辑文字。使用"修饰文字工具"，可以对每一个字符进
行移动、旋转和缩放等变形操作。

图 1-12　文字工具组

5. 直线段工具组

包括 5 个工具，分别是"直线段工具""弧形工具""螺旋线工具""矩
形网格工具"和"极坐标网格工具"，如图 1-13 所示。"直线段工
具"用于绘制直线段。"弧形工具"用于绘制各种凹入或凸起弧线。
"螺旋线工具"用于绘制顺时针和逆时针螺旋线。"矩形网格工具"
用于绘制矩形网格。"极坐标网格工具"用于绘制圆形网格。

图 1-13　直线段工具组

6. 矩形工具组

包括 6 个工具，分别是"矩形工具""圆角矩形工具""椭圆工具""多
边形工具""星形工具"和"光晕工具"，如图 1-14 所示。"矩形工具"
用于绘制正方形和矩形。"圆角矩形工具"用于绘制具有圆角的正方形
和矩形。"椭圆工具"用于绘制圆和椭圆。"多边形工具"用于绘制规
则的多边形。"星形工具"用于绘制星形。"光晕工具"用于创建类似
镜头光晕或太阳光晕的效果。

图 1-14　矩形工具组

7. 铅笔工具组

包括 3 个工具，分别是"铅笔工具""平滑工具"和"路径橡皮擦工具"，
如图 1-15 所示。"铅笔工具"用于绘制和编辑自由线段。"平滑工具"
用于平滑处理贝塞尔路径。"路径橡皮擦工具"用于从对象中擦除路径
和锚点。

图 1-15　铅笔工具组

8. 橡皮擦工具组

包括 3 个工具，分别是"橡皮擦工具""剪刀工具"和"刻刀"，
如图 1-16 所示。"橡皮擦工具"可用于擦除对象上的任何区域。"剪
刀工具"可用于在特定点上剪切路径。"刻刀"可剪切对象和路径。

图 1-16　橡皮擦工具组

9. 旋转工具组

包括两个工具，分别是"旋转工具"和"镜像工具"，如图 1-17 所示。
"旋转工具"可以围绕固定点旋转对象，默认的参考点是对象的中心点。
如果选区中包含多个对象，则这些对象将围绕同一个参考点旋转，默认
情况下，这个参考点为选区的中心点或定界框的中心点。若要使每个对象都围绕其自身的中
心点旋转，请使用"分别变换"命令。"镜像工具"可以围绕固定轴翻转复制对象。

图 1-17　旋转工具组

10. 比例缩放工具组

包括 3 个工具，分别是"比例缩放工具""倾斜工具"和"整形工具"，如图 1-18 所示。"比例缩放工具"可以围绕固定点调整对象大小。缩放操作会使对象沿水平方向（沿 X 轴）或垂直方向（沿 Y 轴）放大或缩小。对象相对于参考点缩放，而参考点因所选缩放方法的不同而不同。可以更改适合于大多数缩放方法的默认参考点，也可以锁定对象的比例。"倾斜工具"可以围绕固定点倾斜对象。"整形工具"可以在保持路径整体细节完整无缺的同时，调整所选择的锚点。

图 1-18　比例缩放工具组

11. 宽度工具组

包括 8 个工具，分别是"宽度工具""变形工具""旋转扭曲工具""缩拢工具""膨胀工具""扇贝工具""晶格化工具"和"皱褶工具"，如图 1-19 所示。"宽度工具"可用于创建具有可变宽度的描边。"变形工具"可随光标的移动塑造对象形状。"旋转扭曲工具"可以在对象中创建旋转扭曲。"缩拢工具"可通过向光标方向移动锚点的方式缩拢对象。"膨胀工具"可通过向远离光标方向移动锚点的方式扩张对象。"扇贝工具"可以向对象的轮廓添加随机弯曲的细节。"晶格化工具"可以向对象的轮廓添加随机锥化的细节。"皱褶工具"可以向对象的轮廓添加类似于皱褶的细节。

图 1-19　宽度工具组

12. 形状生成器工具组

包括 3 个工具，分别是"形状生成器工具""实时上色工具"和"实时上色选择工具"，如图 1-20 所示。"形状生成器工具"可以合并多个简单的形状以创建自定义的复杂形状。"实时上色工具"用于按当前的上色属性绘制"实时上色"组的表面和边缘。"实时上色选择工具"用于选择"实时上色"组中的表面和边缘。

图 1-20　形状生成器工具组

13. 透视网格工具组

包括两个工具，分别是"透视网格工具"和"透视选区工具"，如图 1-21 所示。使用"透视网格工具"可以在透视模式下创建和渲染图稿。使用"透视选区工具"可以在透视模式下选择对象、文本和符号，并移动对象，还可以在垂直方向上移动对象。

图 1-21　透视网格工具组

14. 吸管工具组

包括两个工具，分别是"吸管工具"和"度量工具"，如图 1-22 所示。"吸管工具"用于从对象中采样以及应用颜色、文字和外观属性，其中包括效果。"度量工具"用于测量两点之间的距离。

图 1-22　吸管工具组

15. 符号喷枪工具组

包括 8 个工具，分别是"符号喷枪工具""符号移位器工具""符号紧缩器工具""符号缩放器工具""符号旋转器工具""符号着色器工具""符号滤色器工具"和"符号样式器工具"，如图 1-23 所示。"符号喷枪工具"用于将多个符号实例作为一个集合置入画板中。"符号移位器工具"用于移动符号实例和更改堆叠顺序。"符号紧缩器工具"用于将符号实例移到离其他符号实例更近或更远的地方。"符号缩放器工具"用于调整符号实例大小。"符号旋转器工具"用于旋转符号实例。"符号着色器工具"用于为符号实例上色。"符号滤色器工具"用于为符号实例应用不透明度。"符号样式器工具"用于将所选样式应用于符号实例。

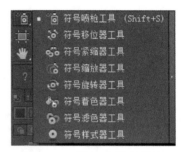

图 1-23　符号喷枪工具组

16. 柱形图工具组

包括 9 个工具，分别是"柱形图工具""堆积柱形图工具""条形图工具""堆积条形图工具""折线图工具""面积图工具""散点图工具""饼图工具"和"雷达图工具"，如图 1-24 所示。"柱形图工具"创建的图表可用垂直柱形来比较数值。"堆积柱形图工具"创建的图表与柱形图类似，但是它将各个柱形堆积起来，而不是互相并列，这种图表类型可用于表示部分和总体的关系。"条形图工具"创建的图表与柱形图类似，但条形以水平方式放置。"堆积条形图工具"创建的图表与堆积柱形图类似，但是条形是水平堆积而不是垂直堆积。"折线图工具"创建的图表使用点来表示一组或多组数值，并且对每组中的点都采用不同的线段来连接，这种图表类型通常用于表示在一段时间内一个或多个主题的变化趋势。"面积图工具"创建的图表与折线图类似，但是它强调数值的整体和变化情况。"散点图工具"创建的图表沿 X 轴和 Y 轴将数据点作为成对的坐标进行绘制，散点图可用于识别数据中的图案或趋势，还可表示变量是否相互影响。"饼图工具"可创建圆形图表，它的楔形表示相对比例。"雷达图工具"创建的图表可在某一特定时间点或特定类别上比较数值，并以圆形表示；这种图表类型也称为网状图。

17. 切片工具组

包括两个工具，分别是"切片工具"和"切片选择工具"，如图 1-25 所示。"切片工具"可将图稿分割为单独的 Web 图像。"切片选择工具"可用于选择 Web 图像切片。

18. 抓手工具组

包括两个工具，分别是"抓手工具"和"打印拼贴工具"，如图 1-26 所示。使用"抓手工具"可以在插图窗口中移动 Illustrator 画板。使用"打印拼贴工具"可以调整页面网格以控制图稿在打印页面上显示的位置。

1.4.3 面板

Illustrator CC 的面板位于工作界面的右侧，它包括许多实用、快捷的工具和命令。面板以组的形式出现，如图 1-27 所示。利用面板可以提高工作效率。

图 1-24　柱形图工具组

图 1-25　切片工具组

图 1-26　抓手工具组

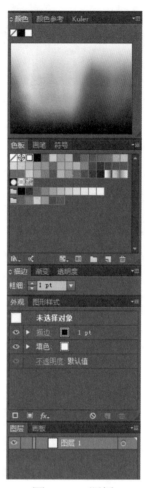

图 1-27　调板

作业

1. 启动 Illustrator CC，新建一个文档，绘制任意图形，保存文件，文件名为"测试"。

2. 新建一个文档，绘制一个矩形、一个圆形和一个三角形并填充颜色。

3. 通过模板，新建一个文档。

单元 **2** 基础绘图

单元目标

学习本单元后，你将能够：

● 掌握选择工具的应用方法。

● 掌握建立形状的方法。

● 掌握旋转图案的制作方法。

2.1 选择工具的应用

任务分析

选择工具包括"选择工具" 、"直接选择工具" 、"编组选择工具" 、"魔棒工具" 、"套索工具" ，熟练应用这些工具选择不同的对象是操作的前提。

实施步骤

1.使用"选择工具"选取一个或多个对象

1 单击"文件→打开"菜单命令，从弹出的"打开"对话框中选择素材文件"小鸡.ai"，如图 2-1 所示，单击"打开"按钮，打开该文件。

2 单击工具箱中的"选择工具" (快捷键为 V)，单击其中任何一个对象即可选中所单击的对象，如图 2-2 所示。

图 2-1　打开"小鸡 .ai"文件

图 2-2　选中一个对象

 选择多个对象时，只需单击绘图区内某一点，然后拖动鼠标，使想要选取的多个对象包含在选取框内即可，如图 2-3 所示，可同时选中 3 个对象。

图 2-3　同时选中 3 个对象

技巧

按住 Shift 键，再分别单击多个对象，即可选中这些对象。若要同时选中所有的对象，可以单击"选择→全部"菜单命令或按 Ctrl+A 组合键。

2. 使用"直接选择工具"进行精确选取

"直接选择工具" 能够进行更加精确的选取，不仅能够选取组对象中的一部分，还能选取构成对象的点。

 单击"文件→打开"菜单命令，从弹出的"打开"对话框中选择素材文件"bird.ai"，单击"打开"按钮，打开该文件。

2 单击工具箱中的"直接选取工具" （快捷键为 A)，如图 2-4 所示，单击小鸟组对象中的"喙"（黄颜色部分）即可选中组对象中的一部分。若选择多个部分，可以按住 Shift 键再单击欲选择的部分。

图 2-4　选择小鸟的"喙"

使用"直接选择工具" 选取对象时，注意观察鼠标指针的变化，根据鼠标指针的形态可以判断鼠标所在的位置，如图 2-5 所示。

选择多个对象组件时，只需单击绘图区内某一点，然后拖动鼠标，使想要选取的多个对象组件包含在选取框内即可。

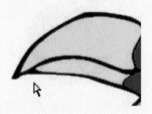
在对象外的形态

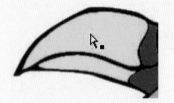
在对象中的形态

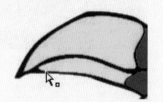
在对象路径锚点上的形态

图 2-5　鼠标形态的变化

3.使用"编组选择工具"选取成组对象

"编组选择工具"和"直接选择工具"同属一组。利用"编组选择工具"可以方便快捷地选取成组对象。

单击"文件→打开"菜单命令，从弹出的"打开"对话框中选择素材文件"wind.ai"，单击"打开"按钮，打开该文件。

单击工具箱中的"编组选择工具" ，单击如图 2-6 所示位置即可选取"山丘"。

图 2-6　选取"山丘"

在已选取的对象组件中单击，即可选取对象的所有组件，如图 2-7 所示。

图 2-7　选择对象的所有组件

4.使用"魔棒工具"选取对象

单击"文件→打开"菜单命令，从弹出的"打开"对话框中选择素材文件"fruit.ai"，单击"打开"按钮，打开该文件。

双击"魔棒工具" 可以打开"魔棒"面板，如图 2-8 所示，在此面板中可以设置新的"容差"值。

图 2-8 "魔棒"面板

 用"魔棒工具"单击苹果的红色部分，即可选取苹果，如图 2-9 所示。

图 2-9 使用"魔棒工具"选取苹果

5. 使用"套索工具"选取不规则对象

 单击"文件→打开"菜单命令，从弹出的"打开"对话框中选择素材文件"shoe.ai"，单击"打开"按钮，打开该文件。

 单击"套索工具" ，按下鼠标左键，沿鞋的边缘圈选不规则对象，即可选取该对象，如图 2-10 所示。

图 2-10 用"套索工具"圈选不规则对象

关于矢量图形

矢量图形由矢量定义的直线和曲线组成。矢量图形根据图形的几何特性描绘图像。

矢量图形与分辨率无关，用户可以将它们缩放到任意尺寸，从而可以按任意分辨率打印，而不丢失细节，也不会降低清晰度。因此，对于缩放到不同大小时必须保留清晰线条的图形（如徽标等），矢量图形是表现这些图形的最佳选择。

2.2 形状的建立

任务分析

通过绘制简单的矩形、圆角矩形、椭圆、多边形来熟悉基本绘图工具的使用方法。

2.2.1 绘制矩形与圆角矩形

绘制如图 2-11 所示的矩形与圆角矩形。

图 2-11　矩形和圆角矩形

实施步骤

 单击"文件→新建"菜单命令，新建一个名为"矩形、圆角矩形"的文档，如图 2-12 所示。

 在工具箱中选择"矩形工具" ■；如图 2-13 所示，双击"填色"工具，弹出"拾色器"对话框，设置填充色为蓝色（R=0，G=0，B=255），如图 2-14 所示。

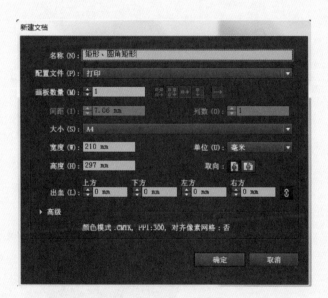

图 2-12　新建"矩形、圆角矩形"文档

图 2-13　设置填充色

图 2-14　设置为蓝色

3 设置"描边"为"无",如图 2-15 所示。

图 2-15　设置描边为无

4 在文档画布中按住鼠标并拖动,绘制一个蓝色无边框的矩形,如图 2-16 所示。

图 2-16　蓝色无边框矩形

5 右击"矩形工具",如图 2-17 所示,选择"圆角矩形工具",用同样的方法绘制一个蓝色无边框圆角矩形,如图 2-18 所示。

图 2-17　选择"圆角矩形工具"

6 用"选择工具"选中圆角矩形,单击工具属性栏上的"形状"选项,设置圆角矩形的圆角半径为 15 mm,如图 2-19 所示,完成圆角矩形的制作。

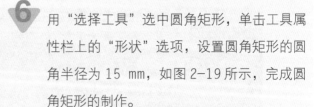

图 2-18　蓝色无边框圆角矩形

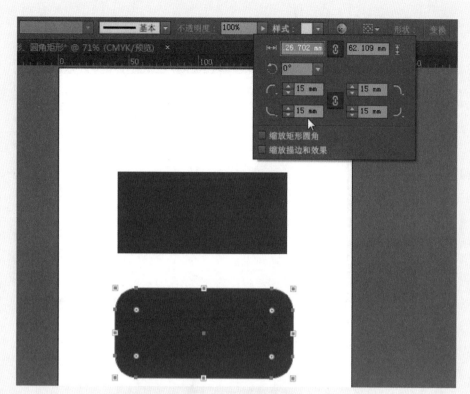

图 2-19 设置圆角矩形的圆角半径为 15 mm

2.2.2 绘制圆形和五角星交汇图形

圆形和五角星交汇图形如图 2-20 所示。

图 2-20 圆形和五角星交汇图形

实施步骤

 新建一个名为"圆形和五角星交汇图"的文档，取向为"横向"。

 按 Ctrl+R 组合键或单击"视图→标尺→显示标尺"菜单命令，显示标尺；拖动鼠标在水平标尺 100 和 200 的位置分别添加一根垂直辅助线，在垂直标尺 100 的位置添加一根水平辅助线，如图 2-21 所示。

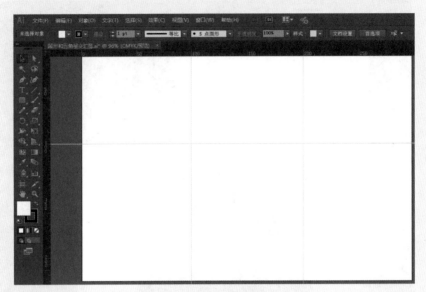

图 2-21　添加辅助线

3 选择工具箱中的"椭圆工具",在工具属性栏中设置填色为"CMYK 蓝"、描边为无,如图 2-22 所示。

4 按下 Alt+Shift 组合键,在第一个交叉点(100,100)处,按住鼠标左键拖动绘制一个圆。取消选中正圆,再选择工具箱中的"星形工具",选择填色为"CMYK 红"、描边为无,以圆心为中心点,按住 Alt+Shift 组合键,拖动鼠标绘制一个红色五角星,并让五角星的顶点正好落到圆周上,如图 2-23 所示。

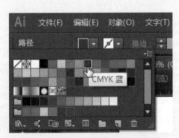

图 2-22　设置填色为"CMYK 蓝"、描边为无

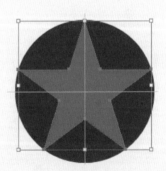

图 2-23　在圆内绘制正五角星

用"选择工具"框选圆形和五角星，按
Ctrl+Shift+F9 组合键或单击"窗口→路径
查找器"菜单命令，打开"路径查找器"面板，
如图 2-24 所示，单击"形状模式"中的"减
去顶层"按钮，将五角星部分从圆形中减去，
效果如图 2-25 所示。

图 2-24　减去顶层

图 2-25　减去五角星后的圆形

 选择"星形工具"，设置填色为"CMYK蓝"、
描边为无，按住 Alt+Shift 组合键，在辅助
线第二个交叉点（200，100）处，按住鼠标
左键并拖动，绘制一个正五角形。

 取消正五角星的选中状态，选择"椭圆工具"，
设置填色为"CMYK红"、描边为无，在交叉
点（200，100）处按住 Alt+Shift 组合键，
拖动鼠标绘制一个圆形，如图 2-26 所示。

 用"选择工具"框选两个图形，在"路径查
找器"中的"形状模式"中单击"减去顶层"
按钮，得到图 2-27 所示的图形。

图 2-26　五角星中内嵌圆形

图 2-27　减去圆形后的五角星

21

2.2.3 制作一个带孔的面板

绘制一个效果如图 2-28 所示的带孔面板。

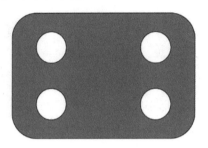

图 2-28　带孔的面板

实施步骤

 新建一个名为"带孔的面板"的文档，取向为横向。

 在工具箱中选择"圆角矩形工具"，设置填色为灰色（C=0，M=0，Y=0，K=50）、描边为无，在画布中单击，弹出"圆角矩形"对话框，如图 2-29 所示；设置宽度为 150 mm、高度为 100 mm、圆角半径为 20 mm；单击"确定"按钮后，生成一个圆角矩形，如图 2-30 所示。

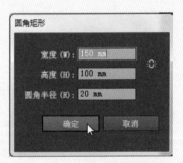

图 2-29　设置圆角矩形参数

图 2-30　绘制固定大小的圆角矩形

 取消圆角矩形的选中状态；选择工具箱中的"椭圆工具"，设置填色为蓝色、描边为无，在画布中单击鼠标，弹出"椭圆"对话框，如图 2-31 所示；设置宽度和高度均为 25 mm，单击"确定"按钮，生成一个蓝色圆形。

 将此蓝色圆形放在圆角矩形的左上角，如图 2-32 所示。

图2-31　"椭圆"对话框

图2-32　左上角的蓝色圆形

5 用"选择工具"选中蓝色圆形，按住 Alt 键，拖动复制三个圆形，并放在圆角矩形另外三个角的位置，如图2-33所示。

图2-33　面板上放四个蓝色圆形

6 按住 Shift 键，用"选择工具"分别单击选中左侧两个圆，单击工具属性栏中的"水平左对齐"按钮，如图2-34所示；用同样的方法，将右侧的两个圆水平右对齐，上方的两个圆垂直顶对齐，下方的两个圆垂直底对齐。

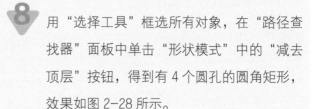

图2-34　水平左对齐两个圆

7 同时选中4个圆，按Ctrl+G组合键或单击"对象→编组"菜单命令，把4个圆编为一组；按住 Shift 键，选中圆角矩形，单击工具属性栏中的"水平居中对齐"和"垂直居中对齐"按钮。

8 用"选择工具"框选所有对象，在"路径查找器"面板中单击"形状模式"中的"减去顶层"按钮，得到有4个圆孔的圆角矩形，效果如图2-28所示。

2.2.4　制作一个音频图标

音频图标的效果如图2-35所示。

图2-35　音频图标

实施步骤

 新建一个文档，选择工具箱中的"圆角矩形工具"，设置填色为蓝色、描边为无，拖动鼠标，绘制如图 2-36 所示的圆角矩形。

 在圆角矩形上右击鼠标，如图 2-37 所示，从快捷菜单中选择"变换→缩放"菜单命令，弹出"比例缩放"对话框。

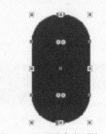

图 2-36　圆角矩形

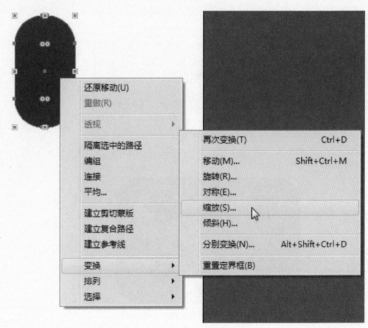

图 2-37　缩放圆角矩形

 如图 2-38 所示，在"比例缩放"选项组中设置"等比"为 70%，单击"复制"按钮，得到一个等比缩放 70% 的圆角矩形，如图 2-39 所示。

为了区别显示，将内圆角矩形的填色设置为"CMYK 红"，向下移动红色圆角矩形，再将红色圆角矩形复制一个放在边上，如图 2-40 所示。

图 2-38　等比缩放为 70%

图 2-39　等比缩放复制后的图形

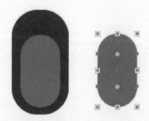

图 2-40　复制红色圆角矩形

24

5 鼠标右击新复制的红色圆角矩形，从快捷菜单中选择"变换→缩放"菜单命令，设置"等比"为70%，单击"确定"按钮。

6 用"选择工具"同时选中左侧内、外圆角矩形，按 Ctrl+Shift+F9 组合键，在"路径查找器"面板的"形状模式"中单击"减去顶层"按钮，得到如图 2-41 所示的图形。

图 2-41　减去顶层后的蓝色圆角矩形

7 用"矩形工具"绘制一个黑色的矩形并放在左侧图形的上方，如图 2-42 所示。按住 Shift 键，用"选择工具"加选蓝色图形，单击"路径查找器"面板中的"减去顶层"按钮，得到如图 2-43 所示的 U 形图。

图 2-42　绘制一个黑色矩形

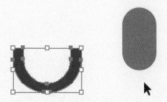

图 2-43　减去顶层后的 U 形图

8 移动红色圆角矩形到蓝色 U 形图中，如图 2-44 所示。

图 2-44　生成组合图

9 再用"矩形工具"绘制一个倒 T 形的支撑图形，如图 2-45 所示。

图 2-45　绘制倒 T 形

10 用"选择工具"框选所有图形，设置填色为黑色，设置对齐方式为"水平居中对齐"，在"路径查找器"面板的"形状模式"中单击"联集"按钮，得到如图 2-35 所示的效果图。

25

2.3 旋转图案的制作

任务分析

在"花朵"面板中将"红玫瑰"图案加入"符号"面板后，再置入绘图区，通过对"红玫瑰"图案旋转复制、编组、缩放等操作，完成两个同心花环的制作。自己绘制一个图形，把此图形定义成艺术画笔，再设计一个路径，用刚设计的艺术画笔填充路径即可得到一种独特的艺术效果。

2.3.1 花环的制作

花环的效果如图 2-46 所示。

图 2-46　花环

实施步骤

 单击"文件→新建"菜单命令，新建一个 A4 大小的文档。

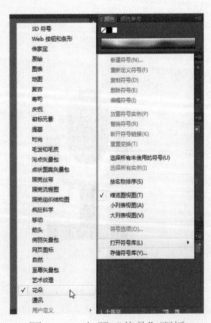

 单击"窗口→符号"菜单命令或按 Shift+Ctrl+F11 组合键，将"符号"面板显示出来（默认工作区是显示的）。单击"符号"面板右上角的面板菜单按钮，从弹出的菜单中选择"打开符号库→花朵"菜单命令，如图 2-47 所示。从"花朵"面板中选择"红玫瑰"图案，如图 2-48 所示，这样就把"红玫瑰"图案加入"符号"面板中了。

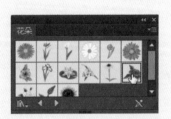

图 2-47　打开"花朵"面板　　　　图 2-48　选择"红玫瑰"图案

3 在"符号"面板中选择"红玫瑰"图案，单击"符号"面板底部的"置入符号实例"按钮，如图 2-49 所示，即可将"红玫瑰"图案置入绘图区。

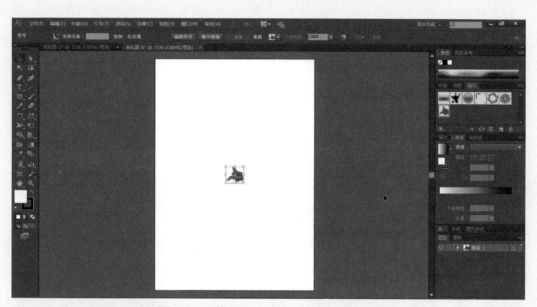**4** 用"选择工具"选中"红玫瑰"图案，调整位置至绘图区上方；单击工具箱中的"旋转工具"，按住 Alt 键，将"中心点"垂直向下拖动，如图 2-50 所示。

图 2-49　将"红玫瑰"图案置入绘图区

5 在弹出的"旋转"对话框中设置"角度"为 30°，如图 2-51 所示。单击"复制"按钮，就可得如图 2-52 所示的图形。

图 2-50　将"红玫瑰"图案的中心点移到下方

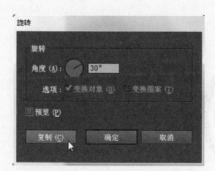

图 2-51　设置旋转角度为 30°

图 2-52　旋转复制后的红玫瑰图案

27

重复按 Ctrl+D 组合键，可得到如图 2-53 所示图形。

图 2-53　多次复制得到的花环

用"选择工具"将所有"红玫瑰"图案全部选中，按 Ctrl+G 组合键，将其编组。

鼠标右击该组对象，从快捷菜单中选择"变换→缩放"菜单命令，如图 2-54 所示。

在如图 2-55 所示的"比例缩放"对话框中，在"比例缩放"选项组中，将"等比"设置为 50%，单击"复制"按钮，即得到如图 2-46 所示的效果图。

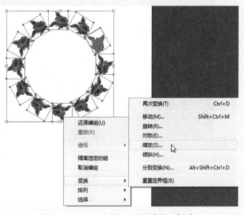

图 2-54　选择"缩放"命令

图 2-55　设置缩放比例为 50%

技巧

还可以使用红玫瑰图案做成对称的两个图形，然后再旋转。

2.3.2　艺术画笔的妙用

用自定义艺术画笔绘制如图 2-56 所示的图形。

图 2-56　效果图

实施步骤

 新建一个 A4 大小文档，取向为"横向"。

 用"矩形工具"绘制一个矩形，填色为黑色；用"直接选择工具"同时选中矩形右侧的两个锚点，如图 2-57 所示。

 如图 2-58 所示，单击"对象→路径→平均"菜单命令或按 Alt+Ctrl+J 组合键。

图 2-57 绘制一个矩形，选中右侧两个锚点

图 2-58 对路径进行"平均"操作

 在弹出的"平均"对话框中选择"水平"单选按钮，如图 2-59 所示，再单击"确定"按钮，得到一个横向的三角形，调整其大小，效果如图 2-60 所示。

 按住 Alt 键，水平拖动三角形，借助智能参考线，水平复制一个三角形，如图 2-61 所示。

29

图 2-59 "水平"平均

图 2-60 变形图形

图 2-61 复制一个图形

 将"画笔"面板切换为当前面板，同时选中两个箭头，用鼠标拖动到"画笔"面板中，从弹出的"新建画笔"对话框中选择"艺术画笔"选项，单击"确定"按钮，如图 2-62 所示。

 如图 2-63 所示，在"艺术画笔选项"对话框的"名称"文本框中输入"双箭头"，在"方向"选项组中单击"从左向右描边"按钮，单击"确定"按钮后，即定义了一个艺术画笔，如图 2-64 所示。

图 2-62 新建艺术画笔

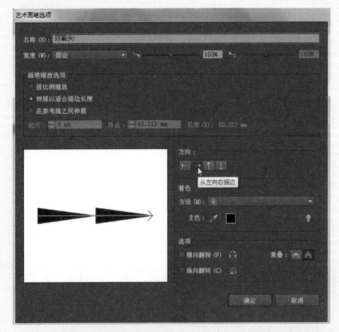

图 2-63 新建一个名为"双箭头"的艺术画笔

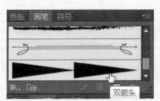

图 2-64 "画笔"面板中显示
"双箭头"画笔

30

单击"椭圆工具",按住 Shift 键,在绘图区绘制一个圆形,填色为无、描边为 1pt;然后用"剪刀工具" 将圆剪一个缺口,如图 2-65 所示。

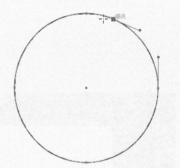

图 2-65 用"剪刀工具"将圆剪断

 鼠标右击该圆,从快捷菜单中选择"变换→缩放"菜单命令,弹出"比例缩放"对话框,如图 2-66 所示,将"等比"设置为 30% 并单击"复制"按钮,得到如图 2-67 所示的两个同心圆。

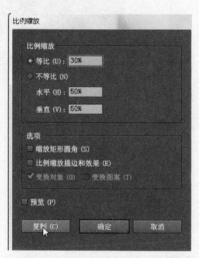

图 2-66 缩放比例设置为 30%

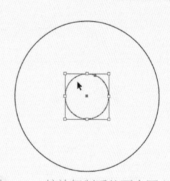

图 2-67 缩放复制后的两个同心圆

 双击工具箱中的"混合工具" ,弹出"混合选项"对话框,在"间距"下拉列表框中选择"指定的步数"选项,并在右侧的文本框中输入"2",单击"确定"按钮,如图 2-68 所示。

用"混合工具"先单击小圆边缘再单击大圆边缘,如图 2-69 所示。

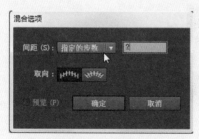

图 2-68 设置间距

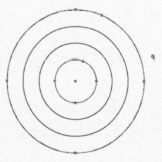

图 2-69 用"混合工具"处理后的图形

如图 2-70 所示，单击"画笔"面板中的"双

箭头"画笔，即可得到图 2-56 所示的效果图。

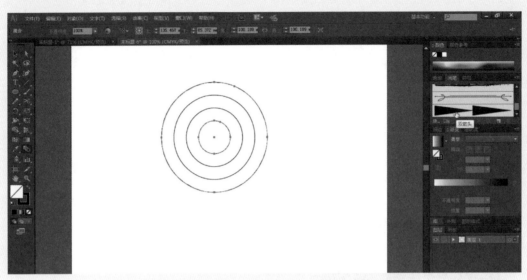

图 2-70　选择"双箭头"画笔填充路径

作业

1. 绘制如图 2-71 所示的简单图标。

图 2-71　简单图标

2. 绘制如图 2-72 所示的魔方图。

图 2-72　魔方图

单元 3 文字及图表设计

　　文字是人类文化的重要组成部分。无论在何种视觉媒体中，文字都是不可或缺的元素。因此，文字设计是增强视觉传达效果、提高作品的诉求力、赋予作品版面审美价值的一种重要构成手段。

　　图表可以让一名平面设计师将信息和数据可视化，在杂志、论文和企业报表中经常使用。它集中、概括，便于分析和比较，有利于发现各种变量之间的关系；它生动、形象，能使复杂和抽象的问题变得直观、清晰；它简洁、明了，例如用在论文中，可以代替大量复杂的文字说明。

单元目标

学习本单元后，你将能够：

- 了解创建 Illustrator 文字的 3 种方式。
- 掌握用 Illustrator 设计各种艺术文字的方法。
- 了解什么是图表，以及如何利用 Illustrator 进行图表设计。

3.1 了解 Illustrator 文字

　　Illustrator 中创建文字的方法有三种：从某一点输入、排入指定区域和沿路径创建，分别称为点文字、区域文字和路径文字。

　　点文字是指从绘图区单击的位置开始，随着字符的输入而扩展的一行或一列横排或直排文本。这种方式非常适用于在图稿中输入少量文本的情况。

　　区域文字是指利用对象的边界来控制字符排列（既可横排，也可直排）的范围。当文本触及边界时，会自动换行，以落在所定义的区域内。当用户想创建包含一个或多个段落的文本（如宣传册）时，这种输入文本的方式相当有用。

　　路径文字是指沿着开放或封闭路径排列的文字。当用户输入水平文本时，字符的排列会与基线平行。当用户垂直输入文本时，字符的排列会与基线垂直。无论是哪种情况，文本都会沿路径点添加到路径上的方向来排列。如果用户输入的文本长度已超过区域或路径的容许量，则靠近边框区域底部的地方会出现一个内含加号 (+) 的小方块。

3.2 字体设计

任务分析

利用"文字工具"在绘图区输入文字后，可以将文字轮廓化，创建出文字的路径，再对此路径进行填色、描边、偏移路径、渐变等操作，可以制作成各种艺术字。

3.2.1 利用"字符"面板设计文字

用"文字工具"输入文字，再利用"字符"面板对文字的大小、间距、基线等进行修改，即可得到如图 3-1 所示的文字效果。

图 3-1　文字效果

实施步骤

 新建一个 A4 大小的文档，取向为横向。

 单击工具箱中的"文字工具"**T.**，在绘图区中输入"高低胖瘦"4 个字，字体为"隶书"，大小为 180 pt，如图 3-2 所示。

图 3-2　输入文字

用"选择工具"选中文字"高",打开"字符"面板,更改垂直缩放为150%,如图3-3所示。

 用"选择工具"选中文字"低",打开"字符"面板,更改垂直缩放为50%,如图3-4所示。

图3-3 设置文字垂直缩放为150%

图3-4 设置文字垂直缩放为50%

 用"选择工具"选中文字"胖",打开"字符"面板,更改水平缩放为150%,如图3-5所示。

 用"选择工具"选中文字"瘦",打开"字符"面板,更改水平缩放为50%,如图3-6所示。最终的效果如图3-1所示。

图3-5 设置文字水平缩放为150%

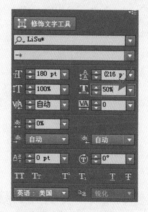

图3-6 设置文字水平缩放为50%

3.2.2 使用路径造字

用"钢笔工具"绘制"艺术"两字的路径,再进行描边,然后利用"选择工具"选择各笔画改变其颜色,即可得到多种颜色、具有艺术效果的义字,效果如图3-7所示。

图3-7 路径造字效果

实施步骤

1　新建一个 A4 大小的文档，取向为横向。

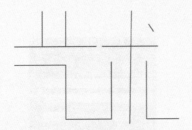

图 3-8　绘制文字路径

图 3-9　设置描边粗细

2　单击工具箱中的"钢笔工具"，在绘图区中绘制"艺术"两字的路径，如图 3-8 所示。

3　用"选择工具"选中"艺术"两字的路径，在"描边"面板中将"粗细"设置为 20 pt，如图 3-9 所示，效果如图 3-10 所示。

图 3-10　描边效果

4　用"选择工具"选中"艺术"两字的部分路径，单击 "色板"面板，选中"CMYK 红"颜色，如图 3-11 所示，效果如图 3-12 所示。

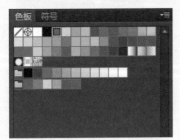

图 3-11　选择"CMYK 红"颜色

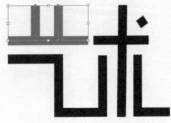

图 3-12　红色效果展示

5　用"选择工具"选中"艺术"两字的部分路径，单击 "色板"面板，选中"CMYK 黄"颜色，如图 3-13 所示，效果如图 3-14 所示。

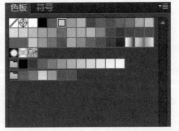

图 3-13　选择"CMYK 黄"颜色

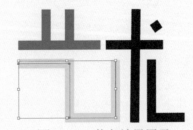

图 3-14　黄色效果展示

36

用"选择工具"选中"艺术"两字的部分路径，单击 "色板"面板，选中"CMYK 绿"颜色，如图 3-15 所示，效果如图 3-16 所示。

用"选择工具"选中"艺术"两字的部分路径，单击 "色板" 面板，选中"CMYK 青"颜色，如图 3-17 所示，效果如图 3-18 所示。

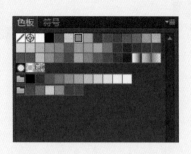

图 3-15　选择"CMYK 绿"颜色

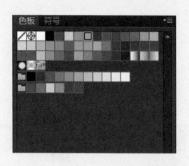

图 3-17　选择"CMYK 青"颜色

图 3-16　绿色效果展示

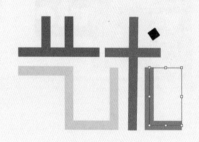

图 3-18　青色效果展示

3.2.3　制作可爱的立体字

制作如图 3-19 所示的立体字。

图 3-19　立体字效果图

实施步骤

新建一个 A4 大小的文档，取向为横向，如图 3-20 所示。

图 3-20　新建文档

2 单击工具箱中的"文字工具" **T.**，在绘图区中输入文字"cute"，设置字体为"华文琥珀"，字号为 200 pt，如图 3-21 所示。

图 3-21　输入文字

3 将文字颜色更换为橙色(R:244,G:140,B:3)，如图 3-22 所示，效果如图 3-23 所示。

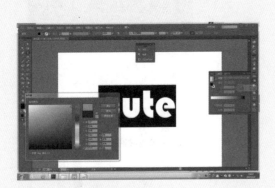

图 3-22　修改文字颜色为橙色

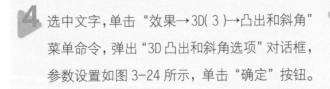

图 3-23　橙色文字效果

4 选中文字，单击"效果→3D(3)→凸出和斜角"菜单命令，弹出"3D 凸出和斜角选项"对话框，参数设置如图 3-24 所示，单击"确定"按钮。

5 选中文字，单击 "对象"→"扩展外观"菜单命令，将文字进行适当变形，效果如图 3-25 所示。

图 3-24　立体效果

图 3-25　扩展外观效果

6 选择所有文字，单击工具箱中的"渐变工具"，将渐变设置为线性渐变，填充所有文字，效果如图 3-26 所示。

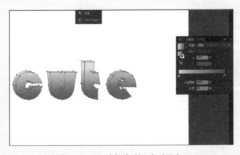

图 3-26　填充渐变颜色

单击工具箱中的"渐变工具"，将渐变设置为线性渐变，选择所有字体最上层（可以利用 Shift 键添加选择），最后填充所有文字最上层，如图 3-27 所示。最终效果如图 3-19 所示。

图 3-27　利用线性渐变填充文字

3.2.4　"绵羊"字体设计

利用工具箱中的"旋转扭曲工具" ，将轮廓化文字进行旋转变形，可以制作卷曲文字效果，如图 3-28 所示。

图 3-28　卷曲文字效果

实施步骤

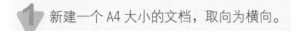 新建一个 A4 大小的文档，取向为横向。

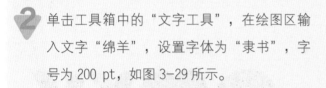 单击工具箱中的"文字工具"，在绘图区输入文字"绵羊"，设置字体为"隶书"，字号为 200 pt，如图 3-29 所示。

图 3-29　输入文字

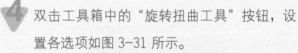 双击工具箱中的"旋转扭曲工具"按钮，设置各选项如图 3-31 所示。

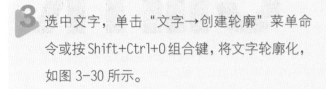 选中文字，单击"文字→创建轮廓"菜单命令或按 Shift+Ctrl+O 组合键，将文字轮廓化，如图 3-30 所示。

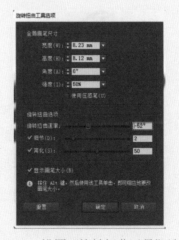

图 3-30　将文字轮廓化

图 3-31　设置"旋转扭曲工具"选项

选择"旋转扭曲工具",按住 Alt 键并拖曳尺寸控点,可以改变旋转扭曲的程度。在工具箱中双击"旋转扭曲工具"按钮,打开"旋转扭曲工具选项"对话框,可以通过更改旋转扭曲速率、细节、简化等选项来改变扭曲效果。

5 用"旋转扭曲工具"在文字上单击,产生旋转扭曲效果,如图 3-32 所示。

图 3-32　最终效果展示

3.2.5　制作双虚线描边字

用"文字工具"输入文字"CMYK",再将文字轮廓化,然后修改文字颜色和边框,即可得到双边框描边字,效果如图 3-33 所示。

图 3-33　双虚线描边字效果

实施步骤

1 新建一个 A4 大小的文档,取向为横向。

2 单击工具箱中的"文字工具" **T.**,在绘图区中输入文字"CMYK",字体为"华文琥珀",大小为 180 pt,如图 3-34 所示。

图 3-34　输入文字并调整字体

3 用"选择工具"选中文字,右击并从快捷菜单中选择"创建轮廓"菜单命令(如图 3-35 所示)或按 Shift+Ctrl+O 组合键,将文字轮廓化。

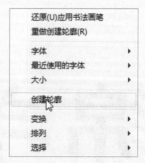

图 3-35　选择"创建轮廓"命令

用"选择工具"选中文字，单击"色板"面板，选择一种绿色（C=80,M=10,Y=45,K=0），如图3-36所示，字体效果如图3-37所示。

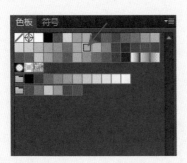

图3-36 选择颜色

图3-37 字体效果

 用"选择工具"选中文字，按F5键打开"画笔"面板，如图3-38所示。在"画笔"面板菜单中选择"打开画笔库→边框→边框＿虚线"命令，如图3-39所示，弹出"边框＿虚线"对话框，选择虚线1.5，如图3-40所示，即可得到图3-33所示的双虚线描边字。

图3-38 "画笔"面板

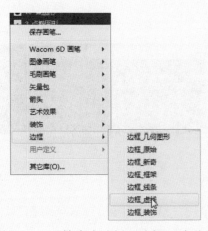

图3-39 画笔库中选择"边框－虚线"

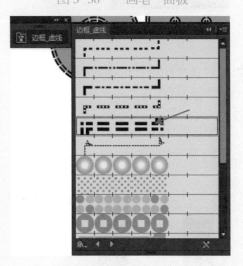

图3-40 选择边框虚线

3.3　图表设计

任务分析

　　Illustrator 不仅可以用于艺术创作，还可以用来设计图表。Illustrator 提供了 9 种图表工具，每种工具可创建一种不同的图表类型。可以对创建好的图表进行格式设置，来达到所需要的效果。

3.3.1　创建图表

实施步骤

 新建一个 A4 大小的文档，取向为横向。

 单击工具箱中的"柱形图工具" ，在绘图区拖动鼠标绘制一个矩形区域，松开鼠标后弹出图表数据窗口，如图 3-41 所示。图表数据窗口各部分的说明如图 3-42 所示。

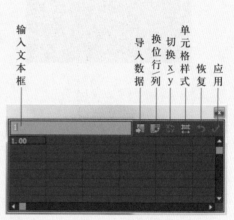

图 3-42　图表数据窗口说明

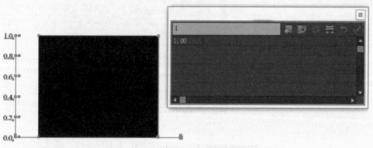

图 3-41　建立图表

 在图表数据窗口中输入如图 3-43 所示的数据，单击图表数据窗口右上方的"应用"按钮 ✓，然后关闭图表数据窗口，得到如图 3-44 所示的柱形图。

图 3-43　输入数据

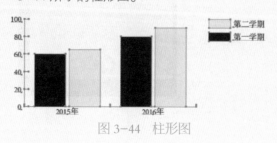

图 3-44　柱形图

3.3.2 设置图表格式

图表建立后，还需要设置图表的格式，才能产生丰富多彩的效果。

实施步骤

1. 更改柱形和图例颜色

1 选择工具箱中的"编组选择工具" ，单击要修改颜色的柱形图例。

2 在不移动指针位置的情况下，再次单击鼠标两次，选定用该图例编组的所有柱形图和图例，如图 3-45 所示。

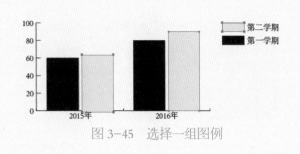

图 3-45　选择一组图例

3 如图 3-46 所示，在"色板"面板中选择"CMYK青"颜色，修改后的柱形图效果如图 3-47所示。

4 如图 3-48 所示，用同样的方法将"第一学期"柱形及图例颜色修改为"CMYK 黄"，如图 3-49所示。

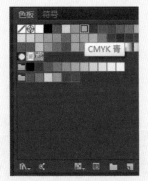

图 3-46　选择颜色

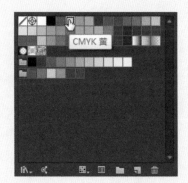

图 3-48　选择颜色

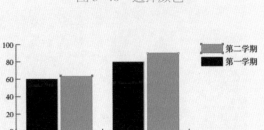

图 3-47　修改颜色后的柱形图效果

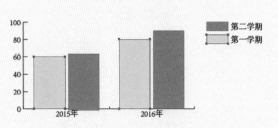

图 3-49　修改颜色后的柱形图效果

2. 更改数值轴的字体、字号和颜色

1 用"编组选择工具"单击数值轴中的数字两次，选中类别轴中的年份，如图 3-50 所示。

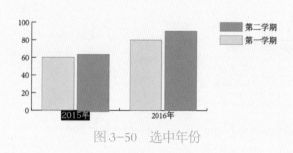

图 3-50　选中年份

2 修改类别轴文字字体为"楷体_GB2312"，字号为 25 pt，如图 3-51 所示，修改颜色为"CMYK 红"，如图 3-52 所示。

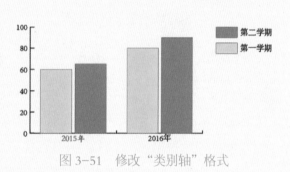

图 3-51　修改"类别轴"格式

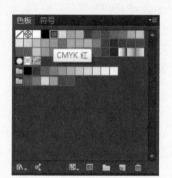

图 3-52　修改文字颜色

3. 更改图表类型

1 用 "选择工具" 选中图表，单击 "对象→图表→类型" 菜单命令或鼠标右击图表，从如图 3-53 所示的快捷菜单中选择 "类型" 命令，打开 "图表类型" 对话框，如图 3-54 所示。

图 3-53　选择"类型"命令

图 3-54　修改图表类型

2 在"类型"选项组中列出了9种图表类型（柱形图、堆积柱形图、条形图、堆积条形图、折线图、面积图、散点图、饼图、雷达图）。单击"面积图"图标，根据需要修改"样式"选项组中的各选项，单击"确定"按钮后得到如图3-55所示的面积图。

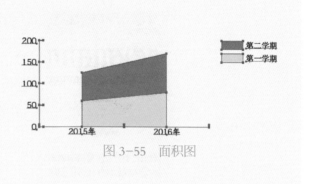

图 3-55 面积图

现代文字设计的发展

文字发展的历史也是文字设计的历史，在文字结构定型以后，文字设计开始以基本字体为依据，采用多样的视觉表现手法来创新文字的形式，以体现不同时期的文化、经济特征。印刷技术的发明和欧洲文艺复兴，极大地推动了文字设计在技术与观念上的改进，人们开始讲究艺术效果与科学技术的结合，出现了一批符合人们视觉规律的比例法则与强调色彩、形态、调子及质感的设计字体。工业革命时期，文字设计在商品销售、文化教育和传播科学技术方面发挥了空前的作用。印刷技术的发展加速了文字设计的多样化，由英国人发明的黑体字在字体的形、比例、量感和装饰上做了新的探索。各种符合时代特征的流行字体大量产生，如图3-56所示。

图 3-56 现代主义字体中流行的三种字体

现代字体设计理论的确立，得益于19世纪30年代在英国产生的工艺美术运动和20世纪初具有国际性的新美术运动，它们在艺术和设计领域的革命意义深远。现代建筑、工业设计、图形设计、超现实主义及抽象主义艺术都受到其基本观点和理论的影响。"装饰、结构和功能的整体性"是其强调的设计基本原理。19世纪末20世纪初，源自欧洲的工业革命在各国引发了此起彼伏的设计运动，推动着平面设计的发展，同时也促使字体设计在二三十年间发生了许多重大的发展和变化。工艺美术运动和新美术运动都是当时非常有影响力的艺术运动。它们在设计风格上都十分强调装饰性，而这一时期字体设计的主要形式特点也体现在这个方面，如图3-57所示。

（a）艾克曼体

（b）莫斯

图 3-57　艾克曼体和莫斯设计的字体

　　20 世纪 20 年代在德国、俄国和荷兰等国家兴起的现代主义设计浪潮提出了新字体设计的口号，其主张是：字体是由功能需求来决定其形式的，字体设计的目的是传播，而传播必须以最简洁、最精练、最有渗透力的形式进行。现代主义也非常强调字体与几何装饰要素的组合编排，从包豪斯到俄国的构成主义设计作品都运用了各种几何图形与字体组合的方法，如图 3-58 所示。

图 3-58　各种字体组成的图形

　　20 世纪 50 年代到 60 年代，现代主义在全世界产生了重大的影响，以国际字体为基础字体的设计更加精致细腻。照相排版技术的发明，使字体的组合结构产生了新的格局。20 世纪 60 年代中期以后，世界文化艺术思潮发生了巨大的变化，新的设计流派层出不穷。它们的一个共同特点是反对现代主义设计过于单一的风格，力图寻找新的设计表现语言和方式。在字体设计方面许多设计家运用了新的技术和方法，设计风格更加多元化，如图 3-59 所示。

图 3-59　多元化的风格

　　我国的文字设计源远流长。有学者认为，它的产生可追溯到商代及周初青铜器铭文中的图形文字，至今已有 3500 多年的历史。其间经历了春秋战国以鸟虫书为代表的金文字体、秦汉及其后的篆书字体、宋元明清的宋体印版字体及 20 世纪的现代字体等发展阶段，如图 3-60 所示。

　　汉字的构成形式决定了它是一种有巨大生命力和感染力的设计元素，有着其他设计元素、设计方式所不可替代的优势，具有强大的说服力与感染力。在现代迅猛发展的社会文化形态、经济活动方式、科学技术条件、大众传播媒介的推动下，现代汉字艺术设计从世界其他国家吸取精华，并将之融合到强烈的民族个性之中，凭借其独特的表现形式产生强烈的感染力。作为高度符号化、有色彩的视觉元素，汉字越来越成为一种有效的信息传达手段。

（a）民间鸟虫书

（b）鸟虫文

图 3-60　民间鸟虫书和鸟虫文

新的文字设计发展潮流中有一些引人注目的倾向。一是对手工艺时代字体设计和制作风格的回归，如字体的边缘处理得很不光滑，字与字之间也排列得高低不一，然后加以放大，使字体表现出一种特定的韵味。二是对各种历史上曾经流行过的设计风格的改造，从一些古典字体中吸取优美的部分加以夸张或变化，在符合实用的基础上，表现出独特的形式美。例如，一些设计师将歌德体与新艺术风格的字体简化，强化其视觉表现力度，并使之具有一些现代感；还有的设计师将强调曲线的早期新美术运动的字体加以变化，使其具有光效应艺术的一些视觉效果。另外，出现了不少追求新颖的新字体，普遍现象是字距越来越小，甚至连成一体或重叠，字形本身变形也很大；有些还打破了书写常规，创造了新的连字结构；有的单纯追求形式，倾向于抽象绘画的风格，如图 3-61 所示。

图 3-61　以歌德体为基础的新字体

20 世纪 80 年代以来，计算机技术的不断发展，使计算机在设计领域逐步成为主要的表现与制作工具。在这个背景下，字体设计出现了许多新的表现形式。利用计算机对字体的边缘、肌理进行种种处理，使之产生一些全新的视觉效果；最后，运用各种方法，将字体进行组合，使字体在图形化方面走上了新的途径。

作业

1. 创建具有金属效果的文字"作业"。
2. 利用 Illustrator 自带的"滤镜"或"效果"制作艺术字。

单元 4 版式设计

单元目标

学习本单元后，你将能够：

- 了解如何进行名片设计和杂志内页的编排。
- 掌握名片设计和杂志内页的构成要素。
- 能够进行内页排版设计制作。

4.1 制作名片

任务分析

本任务设计制作的是一家广告公司的名片，在设计过程中要传达重要信息，同时运用形式美法则，使画面中的元素排列具有美感，名片的色彩使用应尽量简洁大方，突出主体元素，效果如图4-1所示。

图 4-1 名片效果图

4.1.1 绘制 Logo

实施步骤

 新建一个文档，名称为"名片设计"，名片的宽度为 90 mm，高度为 55 mm，同时设置出血尺寸为 1 mm，具体设置如图 4-2 所示。

 选择工具箱中的"矩形工具"，在画布上绘制一个矩形，并填充为浅蓝色，颜色值如图 4-3 所示，大小与画布大小相同，设置其描边为无。

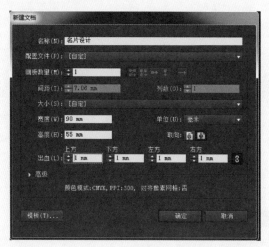

图 4-2　新建一个文档

图 4-3　颜色选择

 按 Ctrl+2 组合键将矩形锁定，以方便接下来的操作。

 选择工具箱中的"星形工具"，绘制 3 个星形，作为公司的 Logo，如图 4-4 所示，其中，星星 1：颜色为"CMYK 红"，宽 4.5 mm，高 4.5 mm；星星 2：颜色为"CMYK 黄"，宽 1.7 mm，高 1.7 mm；星星 3：颜色为"CMYK 蓝"，宽 1.5 mm，高 1.5 mm。

图 4-4　标志效果图

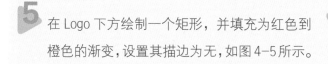 在 Logo 下方绘制一个矩形，并填充为红色到橙色的渐变，设置其描边为无，如图 4-5 所示。

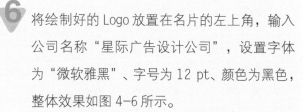 将绘制好的 Logo 放置在名片的左上角，输入公司名称"星际广告设计公司"，设置字体为"微软雅黑"、字号为 12 pt、颜色为黑色，整体效果如图 4-6 所示。

图 4-5　绘制矩形并填充渐变

图 4-6　Logo 及公司名称效果图

4.1.2 输入文字

实施步骤

1 在工具箱中选择"直线段工具",绘制一条竖线,宽 0 mm,高 6.199 mm,描边为 0.25 pt,工具属性栏设置如图 4-7 所示,效果如图 4-8 所示。

2 在 Logo 图形的右侧,输入名片主人的名字及其职位,颜色使用黑色,姓名"王一阳"字体为黑体,字号 8 pt;职位的字体使用"微软雅黑",字号为 4pt,效果如图 4-9 所示。

图 4-7 工具属性栏设置

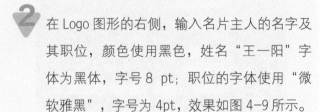

图 4-8 绘制线段

图 4-9 文字效果

3 在"星际广告公司"下方红色到橙色渐变区域输入"业务范畴:平面设计、3D 设计、园林设计、环境设计、建筑设计、印刷、喷绘、雕刻、广告灯箱及各类广告需要的灯光制作 ",字体为黑体,颜色为白色,字号为 5 pt;在"王一阳"下方红色到橙色渐变区域输入"电话:0555-6666666 手机:18055500000 地址:安徽省马鞍山市湖东路 666 号",字体为黑体,颜色为白色,字号为 5 pt,如图 4-10 所示。

4 选择工具箱中的"矩形工具",在名片的右上角绘制三个不同大小的矩形,并分别设置矩形的不透明度为 80%、50%、30%,如图 4-11 所示。

图 4-10 文字排版

图 4-11 绘制矩形装饰

名片的作用

名片有 3 个方面的作用，这 3 个方面的作用依据名片主人情况的不同而有所差异。

1. 宣传自我

一张小小的名片，最主要的内容是名片主人的姓名、工作单位、职务、业务范围、联络方式（地址、电话手机、E-mail、QQ）等，通过这些内容，把名片主人及所属公司的简明信息标注清楚，并以此为媒向外传播。

2. 宣传企业

名片上除了注明个人信息外，还要注明企业的信息，如企业的名称、地址及业务领域等。具有 VI 形象规划的企业标志纳入办公用品的设计中，这种类型的名片中企业信息更重要，而个人信息是次要的。因此，名片中要使用企业的标志、标准色、标准字等，使其成为企业整体形象的一部分。

3. 信息时代的联系卡

在数字化信息时代中，每个人的生活工作学习都离不开各种类型的信息，名片以其特有的形式传递企业、个人及业务等信息，很大程度上方便了我们的生活。

名片的尺寸通常有如下三种。

横版：90 mm×55 mm。

竖版：50 mm×90 mm。

方版：90 mm×90 mm。

4.2 宣传单内页设计

任务分析

（1）本任务是为某餐饮企业设计宣传画册中的一版内页，在设计的过程中，注意以简洁的构成形式合理安排画面中的图片和文字，利用"文字工具""区域文字工具"等工具及"文本绕排""剪贴蒙版"等功能着手进行设计。

（2）在内页的元素安排上，尽量本着简洁易读的原则，配合画面内容，使用黄、红等暖色系色彩以衬托菜肴图片。

最终效果如图 4-12 所示。

图 4-12　宣传单内页效果图

4.2.1 版式设计

实施步骤

1 单击"文件→新建"菜单命令或按Ctrl+N组合键，弹出"新建文档"对话框，在"名称"文本框中输入"排版"，画板宽度为 420 mm，高度为 297 mm，取向为横向并设置 3 mm 的出血，如图 4-13 所示。

 2 为了将内页的两个版面分开进行设计，需要绘制一条参考线作为分界线。按 Ctrl+R 组合键显示标尺，双击水平标尺和垂直标尺交界处，即"零点标记"位置，将刻度归零。默认状态下"零点"正好是页面左上角的点。有时候为了方便计算页面指定区域内的距离，可以将"零点"移动到其他位置（鼠标左键按住"零点标记"向右下移到页面的左上角）。拖动垂直标尺至 207 mm 处松开鼠标（如图 4-14 所示），参考线将画面分成左右两个页面。

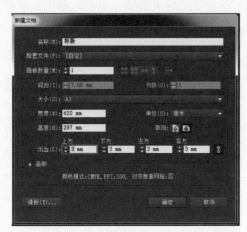

图 4-13　新建一个名为"排版"的文档

图 4-14　添加参考线

3 下面来制作页面中缝位置的图形。首先用"直线段工具"在参考线的位置（按住 Shift 键）绘制一条贯穿整个页面的垂直线，如图 4-15 所示。

图 4-15　绘制分隔线

4 将直线段填充不透明度为 20% 的灰色。打开"描边"面板，设置直线粗细为 3 pt，端点为圆角，勾选"虚线"复选框，在"虚线"选项中的第一格和第二格分别填入"8 pt"和"5 pt"，如图 4-16 所示。描边后的效果如图 4-17 所示。

52

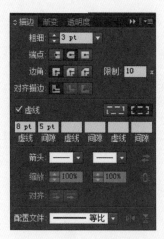

图 4-16　设置线条样式

图 4-17　描边后的分隔线

5 选择"矩形工具"（快捷键M）在"颜色参考"
面板中选择"高对比色1"，如图4-18所示，
颜色设置如图4-19所示，在虚线的左侧上方
绘制一个矩形色块；接着在虚线的右侧下方
再绘制一个矩形的色块，颜色设置如图4-20
所示。完成后的效果如图4-21所示。

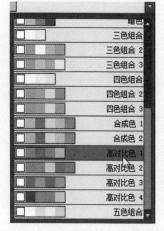

图 4-18　选择"高对比色1"

图 4-19　左上色块颜色设置

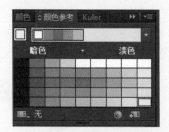

图 4-20　右下色块颜色设置

图 4-21　两个色块效果图

 使用"文字工具"在画板空白处输入"美食
天下"的拼音"MEISHITIANXIA"；打开"字符"
面板，选择"Arial"字体，字号设为45 pt，
字间距设置为100，效果如图4-22所示。

图 4-22　输入拼音并设置格式

53

7 选中拼音文字，将文字填充为白色，把文字的透明度降低至 40%；使用"选择工具"将文字旋转 90°，贴边放置在上方的矩形色块上，如图 4-23 所示。

8 按住 Alt 键并拖动文字，得到一个副本，将文字副本放置在下方的浅绿色矩形块上，如图 4-24 所示。

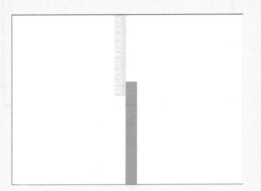

图 4-23　将文字放在左侧矩形色块中

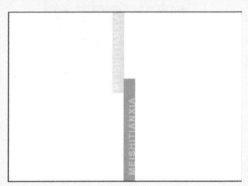

图 4-24　复制文字并放在下方的矩形块中

9 单击"文件→置入"菜单命令，打开"置入"对话框，分别选择素材文件 "三文鱼 1.jpg" 和 "三文鱼 2.jpg"，单击"置入"按钮。将 "三文鱼 1.jpg" 图片放置在内页的左侧，缩放为宽 200 mm、高为 200 mm；"三文鱼 2.jpg" 图片放置在右侧，缩放为宽 200 mm、高为 200 mm，露出一部分的菜肴在页面之外（这一部分会在最后的制作中裁切掉），如图 4-25 所示。

10 使用"椭圆工具"绘制一个宽 190 mm、高 190 mm 的圆放在三文鱼 1 的上方，命名为 "圆形 1"；按住 Shift 键，选择圆和图片，单击鼠标右键，从快捷菜单中选择"建立剪切蒙版"命令，如图 4-26 所示，效果如图 4-27 所示。

图 4-26　建立剪切蒙版

图 4-25　导入并缩放图片后放在适当位置

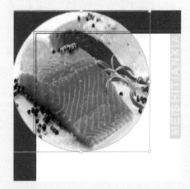

图 4-27　添加剪切蒙版后的效果

11 用"椭圆工具"绘制一个宽190 mm、高190 mm的圆放在三文鱼2的上方,命名为"圆形2";按住Shift键选择圆和图片,单击鼠标右键,从快捷菜单中选择"建立剪切蒙版"命令,效果如图4-28所示。

图4-28　添加剪切蒙版后的效果

12 分别选择"圆形1"和"圆形2"图层,设置"描边"为12 pt、颜色为白色,如图4-29所示,效果如图4-30所示。

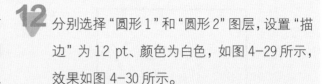

图4-29　描边设置

图4-30　最后效果

4.2.2　文字排版

实施步骤

1 使用"文字工具"输入"极鲜三文鱼",单击属性栏上的"字符"按钮,弹出"字符"面板,设置字体为"黑体"、字号为48 pt、字间距为250 pt;然后将文字填充为30%的灰色,效果如图4-31所示。

图4-31　输入文字并设置格式

2 选择"文字工具",在刚才输入的文字下方按住鼠标左键拖曳,形成一个长方形文字区域,输入相关文字并设置字体为"黑体",字号为21 pt,字间距为250 pt,文字填充30%的灰色,效果如图4-32所示。

三文鱼来自法罗群岛,具有鲜美甘甜的风味和丰盈弹性的口感,鱼肉色泽鲜明,鱼脂分布均匀,带来海鲜的甘香。

图4-32　输入部分文字的效果

3 用"选择工具"同时选中两段文本,将文本旋转30°,放置在页面右侧的图片上方,效果如图4-33所示。

4 接下来制作页面左侧的文字内容。使用"文字工具"在左侧图片的右下方拖曳出一个小矩形文本区域,将素材文件"三文鱼的做法.txt"中的部分文字复制到文本区域中,如图4-34所示。

图 4-33　倾斜文字效果

图 4-34　输入左侧文字

5 用"选择工具"单击文字区域右下角的红色标记（当红色标记为＋号时，说明该文字区域中的文字没有显示完全），鼠标指针立即变为文本导入形状，在第一个文字区域下方绘制一个比它更宽一点的矩形文字区域，将素材文件"三文鱼的做法.txt"中的部分文字复制到文字区域中，如图 4-35 所示。

6 按住 Shift 键，用"选择工具"选中两个文字区域；按"Shift+F7"组合键打开"对齐"面板，如图 4-36 所示，单击"水平右对齐"按钮，将文字区域右对齐。

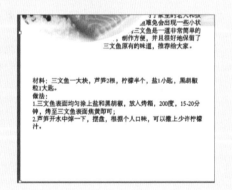

图 4-35　绘制第二个文字区域并输入文字

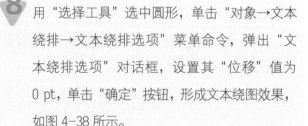

图 4-36　将文字右对齐

7 选择"椭圆工具"，按住 Shift 键以左侧的菜肴中心为圆心，绘制一个更大的正圆，圆形的外轮廓正好覆盖三段文字的右上部分，效果如图 4-37 所示。

8 用"选择工具"选中圆形，单击"对象→文本绕排→文本绕排选项"菜单命令，弹出"文本绕排选项"对话框，设置其"位移"值为0 pt，单击"确定"按钮，形成文本绕图效果，如图 4-38 所示。

图 4-37　绘制一个大圆

图 4-38　文本绕图效果

9 调整文字和文本区域的大小，将相同内容的文字归类到一个段落，设置字号为 9 pt、颜色为 30% 灰色。调整文字间距，让标点符号不要出现在段首，最后效果如图 4-39 所示。

10 下面来添加文章的标题。先用"文字工具"输入一个"鱼"字，设置字体为"楷体"、字号为 60 pt、颜色为 30% 灰色，把"鱼"字放在第一段文字的右上方，如图 4-40 所示。

图 4-39　调整文字格式

图 4-40　输入标题文字并设置格式

11 最后将画面中多余的部分裁剪掉。用"矩形工具"，沿着画板的方向画一个与画板等大的矩形。选中画面中的所有形状，选择"对象→剪切蒙版→建立"命令，得到如图 4-41 的效果图。至此内页排版的所有步骤就完成了。

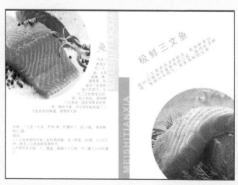

图 4-41　绘制一个和画板一样大的矩形
并应用剪切蒙版

宣传册内页设计要点

（1）在左上角这个目光最先接触的区域使用醒目的标题或比较大的照片。

（2）在版面中精心使用多栏标题与单栏标题的组合。

（3）在内页中限制通栏标题的使用，如果使用通栏标题，邻近的版面就不要再使用。

（4）不要将标题并列排放，也不要将几个标题竖着排成一列，特别是它们的字号完全相同时。

（5）除非版面上有带大幅照片的广告，否则，每个版面都要尽可能使用一张或多张插图（可以是照片、漫画、图表、地图或其他形式）。

（6）把照片放在版面的左上方。不要把照片放在广告文字的正上方，或紧临着广告文字。

（7）无论何时，都要让标题的宽度覆盖住所有正文。

（8）不要把标题安排在广告的正上方，至少要用几行正文把标题与广告隔开。

（9）标题要使用不同于正文的字号和宽度，以使版面形成对比。

（10）避免杂乱感。文字不要过于密集，要有足够的留白。

作业

1. 在 Illustrator CC 中用"饼图"表示下列表格数据。

酒店	入住率
假日酒店	85%
红梅酒店	90%

2. 结合实际，编排一个宣传册。

单元 5 平面广告设计

单元目标

学习本单元后, 你将能够:

- 掌握海报的构成要素。
- 进行海报的设计制作。
- 掌握书籍封面的构成要素。
- 进行书籍封面的设计制作。

5.1 海报设计

任务分析

本节即将设计制作的海报为一家托管中心的宣传海报,
在整个设计制作中要体现出该托管中心的名称以及服务
特色。

由于是一家儿童托管中心, 服务对象以儿童为主, 因此
在色彩选择以及图案设计上要符合儿童的心理特点, 采用明
快、饱和度高的颜色以及卡通的造型。

海报的最终效果如图 5-1 所示。

图 5-1　海报效果图

5.1.1 添加图像

实施步骤

 启动 Illustrator CC，单击"文件→新建"菜单命令，打开"新建文件"对话框，如图 5-2 所示，设置名称为"商业海报设计"，宽度为 420 mm，高度为 570 mm，各边的出血均为 3 mm，颜色模式为 CMYK，栅格效果为 300 ppi，单击"确定"按钮。

 单击"文件→置入"菜单命令，选择素材文件"海报设计插图.tif"，单击"置入"按钮，将图像置入画面中。按住 Shift 键，拖动图像四周的尺寸控点，将图片放大至适合大小，移动至画面顶部，如图 5-3 所示。

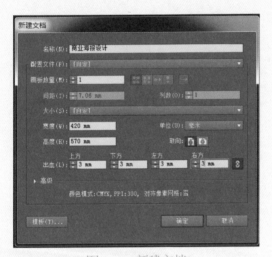

图 5-2　新建文档

图 5-3　置入海报设计插图

5.1.2 制作标志

实施步骤

 选择工具箱中的"矩形工具"，在画面中单击鼠标，设置矩形的宽度为 50 mm、高度为 10 mm。

 选择工具箱中的"渐变工具"，将绘制的矩形填充由橘红色（C=0，M=80，Y=100，K=0）到黄色（C=0，M=20，Y=100，K=0）再到白色的线性渐变，如图 5-4 所示。

图 5-4　填充渐变

单击工具箱中的"描边工具",设置描边粗细为 0.737 pt、颜色为黄色（C=0，M=0，Y=100，K=0）。

 单击"对象→变换→倾斜"菜单命令，设置倾斜角度为 60°，如图 5-5 所示。

图 5-5　倾斜设置

 单击工具箱中的"直接选择工具"，单击四边形，会发现四个角都是实点；按住 Shift 键的同时单击三个角上面的实点，只保留右上角的点为实点，接着移动这个实点，使平行四边形成为一个不规则的图形，如图 5-6 所示。

图 5-6　变换图形

 复制一个与之一样的图形，将两个四边形选中，单击"窗口→对齐"菜单命令，选择"水平居中对齐"和"垂直居中对齐"选项。

 单击工具箱中的"添加锚点工具"，给上方的四边形添加两个锚点，单击第一个锚点，向上拖动，如图 5-7 所示。

 单击工具箱中的"直接选择工具"，将位于下方的四边形进行变形，然后与第一个图形编组，如图 5-8 所示。

图 5-7　添加锚点

图 5-8　四边形变形

用同样的方法再制作 3 组四边形，填充不同的渐变颜色；使用"旋转工具"将这 4 组四边形组合起来，如图 5-9 所示。

图 5-9　制作 3 组四边形

10 用"钢笔工具"勾勒四边形的外轮廓，然后进行描边，设置描边粗细为 9.009 pt、颜色为嫩黄色（C=40，M=0，Y=100，K=0）。

11 将描边图形与标志图形一起选中，使用对齐工具将它们水平居中对齐、垂直居中对齐，效果如图 5-10 所示。选中标志图形，单击"对象→排列→置于顶层"菜单命令或使用快捷键 Ctrl+] ，将标志图形慢慢调整至所需的位置。

12 单击工具箱中的"文字工具"，在画面中输入文字"开心教育机构"，设置文字颜色为蓝色（C=100，M=80，Y=0，K=20）；"开心"二字的字体为"方正大黑简体"，字号为 18 pt；文字"教育机构"的字体为"方正粗倩简体"，字号为 13.5 pt。利用"钢笔工具"为"机"字进行字体变形，文字的最终效果如图 5-11 所示。

图 5-10　描边效果

图 5-11　文字制作

13 复制文字，将文字置于底层，填充白色；利用工具箱中的"描边工具"，选择白色，粗细设置为 4 pt，选择圆头端点 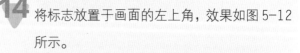 及圆角连接 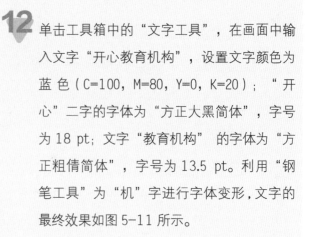 ，为文字添加白色描边，使描边后的白色文字整体上比蓝色文字大。用同样的方法为刚刚做的标志图形设置一个底层，也填充白色，粗细设置为 4 pt。

14 将标志放置于画面的左上角，效果如图 5-12 所示。

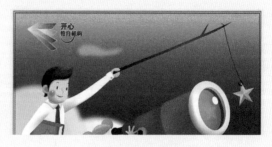

图 5-12　放置标志

5.1.3　制作字体

实施步骤

1 单击工具箱中的"文字工具"，在画面中输入文字"开心托管中心"，不同的字设置成不同的颜色及字号，如图5-13所示。

①"开"：字体为华康海报简体，字号为60 pt，颜色为红色（C=0，M=100，Y=100，K=0）。

②"心"：字体为华康海报简体，字号为60 pt，颜色为深蓝色（C=100，M=100，Y=0，K=0）到淡蓝色（C=100，M=0，Y=0，K=0）的线性渐变，渐变角度为113°。

③"托"：字体为方正胖头鱼简体，字号为62 pt，颜色为紫色（C=40，M=100，Y=0，K=0），使用"旋转工具"将"托"字旋转30°。

④"管"：字体为方正胖头鱼简体，字号为62 pt，颜色为橘红色（C=0，M=60，Y=100，K=0）。

⑤"中"：字体为方正胖头鱼简体，字号为55 pt，颜色为绿色（C=100，M=0，Y=100，K=0）到黄绿色（C=40，M=0，Y=100，K=0）的线性渐变，渐变角度为138°。

⑥"心"：字体为方正胖头鱼简体，字号为78 pt，颜色为深蓝色（C=100，M=100，Y=0，K=0）到淡蓝色（C=100，M=0，Y=0，K=0）的线性渐变，渐变角度为113°。

2 复制两组同样的文字，第一组填充白色，描白色边，描边粗细设置为5 pt；第二组填充幼芽绿色（C=50，M=0，Y=100，K=0），描幼芽绿色边，描边粗细设置为10 pt。

3 将这三组字体选中，单击"窗口→对齐"菜单命令，选择"水平居中对齐"和"垂直居中对齐"选项，放置于画面中合适位置，效果如图5-14所示。

图5-13　文字制作效果

图5-14　文字描边效果

5.1.4　制作人物

实施步骤

1 单击工具箱中的"椭圆工具",在画面中绘制一个椭圆,填充颜色为肉色(C=0,M=14,Y=25,K=0)。

3 单击工具箱中的"椭圆工具",在画面中绘制一个椭圆,填充黑色(C=0,M=0,Y=0,K=100);使用"钢笔工具",给椭圆添加或减少锚点,调整椭圆的形状,作为头发,如图5-16所示。

图5-16　制作头发

5 单击工具箱中的"钢笔工具",勾画眉毛和嘴巴的形状,眉毛填充黑色,嘴巴填充红色。

图5-18　制作五官

2 单击工具箱中的"添加锚点工具",给椭圆添加两个锚点,调整椭圆的形状,如图5-15所示。

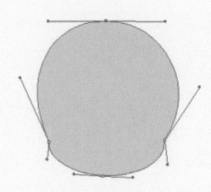

图5-15　制作脸部

4 单击工具箱中的"钢笔工具",勾勒左边脸部的轮廓,填充颜色为粉红色(C=0,M=20,Y=35,K=2),形成一种视觉上的阴影变化,如图5-17所示。

图5-17　添加面部阴影

6 单击工具箱中的"椭圆工具",绘制一个椭圆,填充黑色。在这个椭圆中再绘制两个不同大小的椭圆,填充白色。将这三个椭圆进行编组,复制一个同样的椭圆,以此作为男孩的眼睛,如图5-18所示。

64

7 单击工具箱中的"椭圆工具"，绘制两个同样的圆形，填充粉红色（C=0，M=20，Y=35，K=2），以此作为男孩的腮红。

8 使用"椭圆工具"绘制一个椭圆形，填充肉色（C=0，M=14，Y=25，K=2），作为男孩的耳朵。

9 选中椭圆形，在椭圆形上单击右键，从快捷菜单中选择"变换→对称"菜单命令，在"轴"选项组中的"垂直"选项，单击"复制"按钮，如图5-19所示。将复制的图形移至男孩脸部右侧，填充粉红色（C=0，M=20，Y=35，K=2），如图5-20所示。

10 使用"钢笔工具"绘制一个翅膀，填充渐变蓝色（C=80，M=20，Y=0，K=0）到淡蓝色（C=20，M=0，Y=0，K=0）的线性渐变，角度为180°。

图5-19　制作耳朵

图5-20　头部完成效果

11 在图形上右击，从快捷菜单中选择"变换→对称"命令，"轴"设置为"垂直"，单击"复制"按钮，如图5-21所示。

12 使用"钢笔工具"绘制胳膊和手，填充肉色（C=0，M=14，Y=25，K=0）；也可使用"椭圆工具"绘制一个椭圆形，旋转15°，用"钢笔工具"在椭圆形上添加锚点，调整至如图5-22所示形状。

图 5-21　绘制翅膀

图 5-22　绘制左边胳膊

13 使用"钢笔工具"沿着胳膊的左半边勾勒一块区域，填充粉红色（C=0，M=20，Y=35，K=2），如图 5-23 所示。

14 用同样的方法制作右臂与右手，填充颜色，如图 5-24 所示。

图 5-23　添加胳膊阴影

图 5-24　制作右臂与右手

15 使用"钢笔工具"绘制男孩的衣服，填充蓝色（C=100，M=100，Y=0，K=0），如图 5-25 所示。

16 使用"椭圆工具"绘制一个长椭圆形；用"钢笔工具"在椭圆形上添加锚点，调整成腿的形状，填充肉色（C=0，M=14，Y=25，K=0）。

图 5-25　绘制衣服

17 使用"钢笔工具"沿着腿部右半边勾勒一块区域,填充粉红色(C=0,M=20,Y=35,K=2)。

19 使用"钢笔工具"沿着腿部轮廓画出裤子的形状。为了更好地表现裤子前后的层次以及空间感,可填充不同的颜色,裤子前面填充蓝色(C=100,M=20,Y=0,K=0),裤子后面填充蓝色(C=100,M=20,Y=0,K=10),效果如图5-27所示。

18 选中刚才画的两个图形,进行编组;在图形上右击,从快捷菜单中选择"变换→对称"命令,设置"轴"为"垂直",单击"复制"按钮,将新复制的图形移动至合适位置,如图5-26所示。

20 使用"矩形工具"绘制一个矩形,填充黄色(C=0,M=15,Y=80,K=0)。

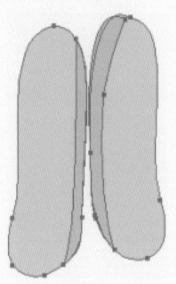

图5-26 制作腿部效果

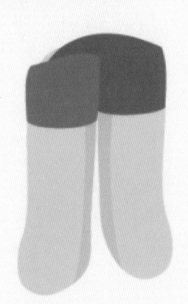

图5-27 绘制裤子

21 选中矩形,在矩形上单击右键,从快捷菜单中选择"变换→旋转"命令,输入旋转角度:-28°。

23 使用"矩形工具"绘制一个矩形,填充灰色(C=0,M=0,Y=0,K=10)。

25 使用"直接选择工具"调整矩形框的透视效果。

22 使用"直接选择工具"调整矩形框的透视效果。

24 选中矩形,在矩形上单击右键,从快捷菜单中选择"变换→旋转"命令,输入旋转角度:-28°。

26 同样的方法绘制一个矩形,填充白色,放置在黄色矩形框的上方。

27 单击工具箱中的"文字工具"，在白色矩形框的上方输入文字"开心教育"，设置文字颜色为黑色，字体为方正粗圆简体，字号为2 pt，并将文字旋转 −28°，效果如图5-28所示。

图5-28　制作书本

29 使用"椭圆工具"绘制一个椭圆，填充灰色（C=0，M=0，Y=0，K=10）。

31 绘制小女孩的脸型、五官及头发，绘制方法、颜色设置与男孩的一样，效果如图5-31所示。

图5-30　男孩完成效果

28 以同样的方法再绘制一本书，正面填充绿色（C=40，M=0，Y=100，K=0），侧面填充灰色（C=0，M=0，Y=0，K=30），将绘制的这本书放置在刚刚那本书的后方，如图5-29所示。

图5-29　制作绿色书本

30 选中做好的所有图形，选择"对象→编组"命令，将图形组合起来，如图5-30所示。

32 使用"椭圆工具"绘制五个由大到小的圆形，填充黑色。将这五个圆编组，选中这个图形，鼠标右击，从快捷菜单中选择"变换→对称"命令，设置"轴"为"垂直"，单击"复制"按钮，将复制的图形移至合适位置。

图5-31　女孩头部完成效果

33 使用"矩形工具"绘制一个小矩形，旋转15°，填充洋红色（C=0，M=100，Y=0，K=0），整体旋转5°，效果如图5-32所示。

34 使用"钢笔工具"绘制小女孩的翅膀，填充黄色（C=0，M=30，Y=60，K=0）到淡黄色（C=0，M=2，Y=50，K=0）的线性渐变，角度为0°。在图形上右击，从快捷菜单中选择"变换→对称"命令，设置"轴"为"垂直"，单击"复制"按钮；将两个翅膀图形移动至合适的位置，并旋转5°，效果如图5-33所示。

图5-32 添加细节

图5-33 绘制翅膀

35 使用"钢笔工具"绘制小女孩的胳膊和腿，填充颜色与男孩相同，如图5-34所示。

36 使用"钢笔工具"绘制小女孩的衣服以及书包，衣服填充橘红色（C=0，M=60，Y=100，K=0）和红色（C=0，M=80，Y=100，K=0）；书包填充绿色（C=100，M=0，Y=100，K=0）和淡绿色（C=25，M=0，Y=65，K=0）。

图5-34 添加手部及腿部

37 使用"椭圆工具"绘制一个椭圆，填充灰色（C=0，M=0，Y=0，K=10），放置在小女孩的脚下，如图5-35所示。

图5-35　女孩完成后的效果

39 单击工具箱中的"文字工具"，输入文字"凯"，设置文字颜色为深蓝色（C=100，M=100，Y=0，K=0）到蓝色（C=100，M=0，Y=0，K=0）的线性渐变，角度为98°，设置字体为方正胖头鱼简体，字号为12 pt，并将文字旋转18°。再次输入文字"凯"，设置文字颜色为红色（C=0，M=100，Y=100，K=0），字体为方正胖头鱼简体，字号为12 pt，并将文字旋转-30°。复制两个"凯"字，一个填充白色，描边为白色、粗细为1 pt；另一个填充黄色（C=0，M=20，Y=100，K=0），描边为黄色、粗细为2.3 pt。

注意：描边时要勾选"圆头端点"和"圆角连接"选项。

图5-36　文字完成效果

38 选择"对象→编组"菜单命令，将所有图形组合在一起。

40 单击工具箱中的"文字工具"，输入文字"心"，设置文字颜色为紫色（C=40，M=100，Y=0，K=0），字体为方正胖头鱼简体，字号为12 pt，将文字旋转30°。再次输入文字"心"，设置文字颜色为绿色（C=100，M=0，Y=100，K=0），字体为方正胖头鱼简体，字号为12 pt，并将文字旋转-20°。复制两个"心"字，一个填充白色，描边为白色、粗细为1 pt；另一个填充黄色（C=0，M=20，Y=100，K=0），描边为黄色、粗细为2.3 pt，效果如图5-36所示。

41 选择"对象→编组"菜单命令，将男孩和女孩各自编组；单击"对象→排列"菜单命令，合理布置图形的位置，效果如图5-37所示。

图5-37　最终完成效果

5.1.5 输入文字

实施步骤

 单击工具箱中的"文字工具",按住鼠标左键不放,在页面中所需要的区域绘制一个文本框,输入海报的正文部分。开头两个字的字体设置为"文鼎CS大黑",正文其余部分字体设置为"黑体",字号为10 pt,颜色为黑色。选中文字,单击"文字→创建轮廓"菜单命令。

 单击工具箱中的"矩形工具",在页面底部绘制一个矩形框,长度与页面长度一致,填充绿色(C=100,M=0,Y=100,K=0)到淡绿色(C=40,M=0,Y=100,K=0)的线性渐变,效果如图5-38所示。

图5-38　添加说明文字及底部的色条

 至此,整个海报的设计制作完成,最终效果如图5-1所示。

关 于 海 报

　　海报又称招贴。它是户外广告的主要形式,是贴在街头墙上、挂在橱窗里的大幅画作,以其醒目的画面吸引路人的注意。它是一种信息传递艺术,是一种大众化的宣传工具。在国外它也被称为"瞬间"的街头艺术。

　　海报设计必须有相当的号召力与艺术感染力,要调动形象、色彩、构图、形式感等因素形成强烈的视觉效果;它的画面应有较强的视觉中心,应力求新颖、单纯,还必须具有独特的艺术风格和设计特点。一般的海报通常含有通知性,所以主题应该明确显眼、一目了然(如××比赛、限时打折等),接着以最简洁的语句概括出时间、地点等主要内容。海报的插图、布局的美观通常是吸引眼球的很好方法。

海报多数是用制版印刷方式制成，供在公共场所和商店内外张贴。当然，也有一些临时性的海报，不用印刷，只以手绘完成，此类海报属 POP 性质，如商品临时降价优惠，通知展销会、交易会、时装表演或食品品尝会的时间、地点等。这种即兴手绘式海报，有时用即时贴代替，大多以手绘美术字为主，有时兼有插图，且较随意、快捷，它不及印刷海报构图严谨。优点是传播信息及时、成本低、制作简便。

印刷海报可分为公益海报和商业海报两大类。公益海报以社会公益性问题为题材，例如环境保护、节约用水、戒烟、禁毒、献血、交通安全、文体活动宣传等；商业海报则以促销商品、满足消费者需要的内容为题材，特别是随着市场经济的出现和发展，商业海报也越来越重要，被越来越广泛地应用。

在国外，海报的大小有标准尺寸。按英制标准，海报中最基本的一种尺寸是 30 in ×20 in（508 mm ×762 mm），相当于国内对开纸大小，依照这一基本标准尺寸，又发展出其他标准尺寸：30 in×40 in、60 in×40 in、60 in×120 in、10 in×6.8 in 和 10 in×20 in。大尺寸的海报是由多张海报拼贴而成的。专门吸引步行者看的海报一般贴在商业区公共汽车候车亭和高速公路区域，并以60 in×40 in 大小的海报居多。而设在公共信息墙和广告信息场所的海报（如地铁车站的墙上）以30 in×20 in 的海报和 30 in×40 in 的海报为多。

在进行海报设计之前，应先分析如下问题：

（1）这张海报的目的是什么？

（2）目标受众是什么人？

（3）目标受众的接受方式怎么样？

（4）其他同类型产品的海报怎么样？

（5）此海报的体现策略是什么？

（6）创意点如何？

（7）采用什么表现手法？

（8）如何与产品结合？

海报设计的具体要素如下：

（1）充分的视觉冲击力，可以通过图像和色彩来实现。

（2）海报表达的内容精炼，抓住主要诉求点。

（3）一般以图片为主，文案为辅。

（4）主题字体醒目。

5.2 书籍封面设计

任务分析

本节设计制作的是一本书的封面和封底，其中要体现该书的名称、主题及基本信息。

由于是一本关于安徽风景的书籍，因此色彩选择以及图案设计要符合书籍主题，采用视觉对比强烈的颜色以及有代表性的风景照片来表现主题。

书籍封面的最终效果如图 5-39 所示。

图 5-39　书籍封面效果

5.2.1　封面、封底及书脊位置规划

实施步骤

 启动 Illustrator CC，单击"文件→新建"菜单命令，打开"新建文件"对话框，如图 5-40 所示。设置名称为"书籍装帧"，宽度为 420 mm，高度为 297 mm，每个边设置 3 mm 出血线，颜色模式为 CMYK，栅格效果为 300 ppi，单击"确定"按钮。

确定书脊位置。单击"视图→标尺→显示标尺"菜单命令，显示标尺；在水平标尺上 210 mm 和 220 mm 的位置分别添加参考线，两条参考线之间的区域即为书脊位置，左边为封底的位置，右边为封面的位置，如图 5-41 所示。

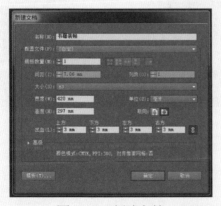

图 5-40　新建文档

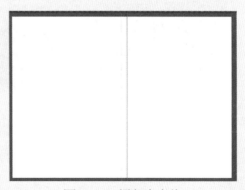

图 5-41　添加参考线

5.2.2 制作封面

实施步骤

 选择工具箱中的"矩形工具"，在页面的有
效区域内绘制一个尽可能大的矩形。

图 5-42 填充颜色

 选择工具箱中的"选择工具"，将页面中的
矩形选中，填充为黑色（C=0，M=0，Y=0，
K=100），如图 5-42 所示。

 新建一个图层，单击"文件→置入"菜单命令，
选择素材文件"房子.tif"，单击"置入"按
钮，将图像置入页面中。按住 Shift 键，拖动
图片四周的尺寸控点，将图片调至适合的大
小，移动至封面中间，如图 5-43 所示。

 新建一个图层，选择工具箱中的"矩形工具"，
在刚刚置入的图片的左边绘制一个矩形，填
充白色，白色区域的一部分叠加到房子图片
上，如图 5-44 所示。

图 5-43 置入房子图片

图 5-44 绘制白色矩形

 新建一个图层，单击"文件→置入"菜单命令，
选择素材文件"装饰图案 1.tif"，单击"置入"
按钮，将图像置入页面中，调整图像的大小
和位置，如图 5-45 所示。

选择工具箱中的"橡皮擦工具"，在白色矩
形图层上进行涂抹，得到一个不规则图形，
如图 5-46 所示。

图 5-45　置入装饰图案

图 5-46　"橡皮擦工具"涂抹效果

 新建一个图层,选择工具箱中的"矩形工具",在左上角绘制一个矩形,填充为绿色(C=50,M=0,Y=100,K=0),描边为无,如图 5-47 所示。

 用同样的方法绘制若干个矩形,并填充不同的颜色,如图 5-48 所示。

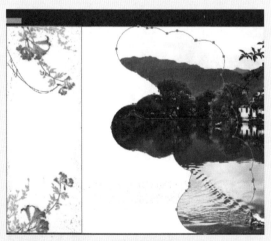

图 5-47　绘制绿色矩形

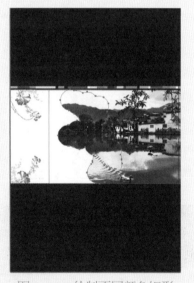

图 5-48　绘制不同颜色矩形

 选中矩形,选择"对象→变换→镜像"命令,在"镜像"对话框的"轴"选项组中选择"垂直"单选按钮,如图 5-49 所示。将镜像复制的图形放置在房子图片下方,如图 5-50 所示。

图 5-49　"镜像"设置　　　　　　　　图 5-50　矩形放置位置

5.2.3　制作书名

实施步骤

1　使用工具箱中"文字工具"，输入文字"安"，字体为华文行楷，字号为 100 pt；选择"文字→创建轮廓"菜单命令，为文字创建轮廓，然后填充橘黄色（C=0，M=70，Y=100，K=0）到绿色（C=80，M=0，Y=100，K=0）的线性渐变并调整渐变的角度，如图 5-51 所示。

2　选择工具箱中的"文字工具"，输入文字"徽"，字体为华文行楷，字号为 100 pt；选择"文字→创建轮廓"菜单命令，为文字创建轮廓，填充绿色（C=100，M=0，Y=100，K=80）到紫色（C=70，M=100，Y=0，K=20）的线性渐变并调整渐变的角度，如图 5-52 所示。

图 5-51　"安"字渐变效果　　　　　　图 5-52　"徽"字渐变效果

将"安徽"两个字各复制一个，单击"编辑→贴在后面"菜单命令，设置文字颜色为白色、描边为白色、描边粗细为10 pt,效果如图5-53所示。输入文字"大美",设置文字颜色为灰色、字体为华文行楷、字号为43 pt,放置在文字"安徽"的左侧,如图5-54所示。

 单击"文件→置入"菜单命令,选择素材文件"中国水墨元素.tif",单击"置入"按钮,将图像置入页面中。按住Shift键,拖动尺寸控点,将图片放大至适合大小,并移动至文字的下方,如图5-55所示。

图5-53　描边效果

图5-54　文字效果

图5-55　置入中国水墨元素素材

 使用"文字工具"输入文字"安徽美术出版社",设置字体为"叶根友毛笔行书"、颜色为白色、字号为22 pt, 放置在页面底部；输入文字"张三 主编",设置字体为"黑体"、颜色为白色、字号为24 pt,放置在图片右下方,如图5-56所示。

图5-56　输入文字

5.2.4 制作书脊

实施步骤

 使用"直排文字工具"在书脊位置输入文字"安徽美术出版社"，设置字体为"叶根友毛笔行书"、颜色为白色、字号为 18 pt，放置在书脊的下方。输入编者姓名"张三 主编"，设置字体为"黑体"、颜色为白色、字号为 16 pt，放在出版社名称的上方，如图 5-57 所示。

 使用"直排文字工具"输入书名"大美 安徽"，设置字体为"华文行楷"、颜色为黄色、字号为 24 pt，放置在书脊中间偏上的位置，如图 5-58 所示。

图 5-58 输入"大美安徽"文字

图 5-57 输入社名与编者姓名

图 5-59 添加矩形色块

 选择工具箱中的"矩形工具"，绘制若干个矩形，填充不同的颜色，放在书脊的上方，如图 5-59 所示。

5.2.5 制作封底

实施步骤

 使用"矩形工具"绘制一个白色矩形，描边为无。

 使用在线的 ISBN 条形码生成器制作 ISBN 条形码，并复制到白色矩形中；然后在条形码的上方输入 ISBN 号。

 使用"文字工具"输入书籍的定价，如图 5-60 所示。

图 5-60　封底制作

作业

1. 制作一幅与图 5-61 所示风格相类似的香水海报。

图 5-61　香水海报

2. 参照图 5-62 完成制作书籍封面设计（人物图片可自己调换）。

图 5-62　书籍封面设计

单元 6 网页制作

使用Illustrator CC不仅可以进行平面广告、书籍装帧等设计，还可以进行网页美工设计，然后切片并导入专业的网页制作工具中，制作出精美的网页。

本单元将通过设计制作一个旅游网站的首页，来介绍网页制作的方法。

单元目标

学习本单元后，你将能够：

- 了解网页页面布局的方法。
- 了解网页上文字的排版方法。
- 能够进行网页的设计制作。

6.1 网页页面布局

任务分析

本节将针对网页的内容进行分类与布局设计，在设计与制作过程中要求分析了解网页中要呈现的内容，并进行页面排版设计。

为了便于读者阅读，需要对网页中的内容加以分析分类，并安排在不同区域内。

本示例的最终效果如图6-1所示。

图6-1 网页最终效果图

实施步骤

 启动 Illustrator CC，单击"文件→新建"菜单命令，打开"新建文档"对话框，如图 6-2 所示，设置名称为"网页设计"、单位为"像素"、宽度为 960 像素、高度为 1500 像素，选择 RGB 颜色模式，单击"确定"按钮。

 利用辅助线，构建出网页的初步轮廓。其中，左右边距分别为 30 像素，分栏位置在 300 像素处。本次要制作的是一个 T 形结构的网站，如图 6-3 所示。

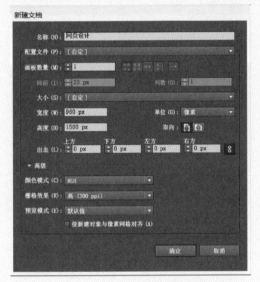

图 6-2　新建文档

图 6-3　制作 T 字形结构

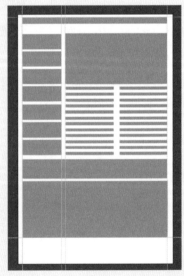 进一步利用辅助线，将网页布局进行细化。使用"矩形工具"将网页划分成不同的区域，灰色的色块用于放置图像，灰色条纹区域用于放置文字，如图 6-4 所示。

继续完成余下的部分，如图 6-5 所示。

图 6-4　将网页布局进行细化

图 6-5　网页细化完成稿

常见的网页布局形式

在网页设计中，网页的布局形式也是有规律可循的，下面就介绍几种常见的网页布局形式。

1. "国"字形布局

"口"字形、"同"字形等布局形式都可归于这一类布局，因与汉字的"国"字形似而得名。在这种布局的网页，通常上方为 Logo 和导航栏，左右两侧为导航菜单和链接，中部为网页的主体内容，网页底部为页脚横条，其中包括版权信息、联系方式等。这种布局形式在一些大型信息类网站中较为常见。

2. T 形布局

T 形布局页面的上方为 Logo 和标题栏，左边为导航菜单，网页主体占据其余的大部分面积。其构成类似大写英文字母"T"，因此而得名。

3. 标题 + 正文的布局

标题 + 正文的布局主要由上部的标题或导航栏与下部的文章主体组成。这种布局形式多用于网站内容页面，以显示具体内容。

4. 左右布局

左右布局结构主要用于 BBS 论坛或其他具有较强结构性的网页。左边一般是导航菜单，右边为网页主体。

5. 上下框架布局

上下框架布局与左右布局类似，只是将内容以上下形式布局。

6. 综合框架布局

综合框架布局结合应用了上下与左右形式的布局。

6.2 制作 Logo 与标题栏

任务分析

本节将制作 Logo 与标题栏。在制作过程中需要注意文字的大小、排版与分辨率。

在制作过程中需要考虑 Logo 与标题栏之间的比例和色彩的搭配。

本示例的最终效果如图 6-6 所示。

图 6-6　Logo 与标题栏效果

实施步骤

 单击"文件→新建"菜单命令，打开"新建文档"对话框，设置名称为"Logo"，宽度、高度均为 300 像素。因为本次制作的 Logo 主体为白色，故在屏幕中间绘制一个黑色矩形作为背景，如图 6-7 所示。

使用"文字工具"在黑色矩形中输入文字"GOTravel"，选择 Arial 字体，字体样式选择 Bold Italic，并将文字改成白色，如图 6-8 所示。

图 6-7　绘制一个黑色矩形

图 6-8　在黑色矩形中输入白色文字

使用"钢笔工具"在文字的上方介于字母 0 和 e 之间绘制一道弧形，如图 6-9 所示。

将文字中的字母 GO 改成橘黄色（R=250，G=180，B=50），如图 6-10 所示。

图 6-9　绘制一道弧形

图 6-10　将字母 GO 改成橘黄色

返回网页制作的文件，将标题栏的颜色改为天蓝色（R=0，G=160，B=230），并将制作好的 Logo 复制粘贴放在标题栏的左边，然后用"选择工具"调整大小，如图 6-11 所示。

图 6-11　标题栏的颜色改为天蓝色并加入 Logo

84

使用辅助线工具将标题栏右侧部分均匀分割为 6 个区域（推荐区域宽度为 100 像素），如图 6-12 所示。

 如图 6-13 所示，将导航栏文字放在 6 个区域中，设置文字大小 14 pt、字体为黑体，并将文字颜色改为白色；用"缩放工具"查看文字的可读性；最后调整文字的位置，使用对齐工具让文字底边对齐。导航栏文字分别为：出国游、国内游、特色游、景点门票、酒店、行程攻略。

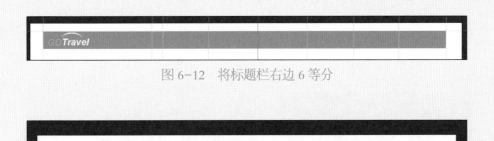

图 6-12　将标题栏右边 6 等分

图 6-13　设置导航栏中的文字

6.3　制作题图

任务分析

本节将完成网页中的两张题图的制作。

通过对原始照片的编辑，结合钢笔曲线绘制需要的图片。

实施步骤

 将"题图 1.jpg" 置入文件中，放置在题图位置上，如图 6-14 所示。

 用"矩形工具"在画面中绘制一个长方形，使用"文字工具"输入文字"青海""印象"，将字体设置为细黑，字号为 29 pt，颜色为白色。把文字放置到图中合适的位置，如图 6-15 所示。

图 6-14　置入题图

图 6-15　文字放置到图中

3 使用"文字工具"输入"行程攻略>>"，设置字号为 12 pt，并放置在图的右下角，如图6-16所示。

4 接下来制作第二张题图。新建一个文档，宽度为 900 像素，高度为 120 像素。用"矩形工具"绘制一个与文件等大的蓝色（R＝50，G＝170，B＝225）矩形，如图6-17所示。

图 6-16　图右下角的文字

图 6-17　绘制一个与文件等大的蓝色矩形

5 将图片"背景.eps"置入页面中，用"选择工具"调整图片的大小至占满整个文档，并将透明度调至 20%，效果如图 6-18 所示。

6 使用"钢笔工具"绘制一条曲线，如图 6-19 所示。

图 6-18　置入背景图片

图 6-19　绘制曲线

7 在工具属性栏中单击"描边"按钮，将曲线的描边颜色设置为白色，填充颜色设置为无，参数设置如图6-20所示。

8 调整曲线的位置，以得到最佳的视觉效果，如图6-21所示。

图 6-20　描边设置

图 6-21　调整曲线

9 选择"椭圆工具"，按住 Shift 键，绘制一个很小的圆形，颜色为白色，将透明度调为 80%，把它放置在曲线的每一个转折点上，如图 6-22 所示。

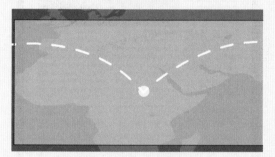

图 6-22　绘制转折点

10 接下来用"钢笔工具"绘制纸飞机。纸飞机由三部分组成。首先用"钢笔工具"绘制一个倾斜的三角形，如图 6-23 所示。注意，绘制时要考虑到飞机的透视关系。

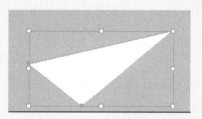

图 6-23　绘制一个倾斜的三角形

11 使用"钢笔工具"绘制中间折进去的部分，注意上窄下宽的透视关系，画好之后填充为亮灰色（R=218，G=218，B=218），如图 6-24 所示。

图 6-24　用"钢笔工具"绘制中间折进去的部分

12 最后绘制纸飞机转折过去的部分。同样，在绘制时要考虑到纸飞机的透视关系。填充为灰色（R=160，G=160，B=160），如图 6-25 所示。

图 6-25　填充灰色

13 将三个形状选中，按 Ctrl+G 组合键将它们编组。然后按住 Alt 键，复制一个纸飞机，使用"选择工具"把它移动到画面的左边，并且改变大小和方向，如图 6-26 所示。

图 6-26　编组后复制

14 选择"华文行楷"字体，设置字号为 32 pt、字体颜色黄色（R=255，G=237，B=0），输入两组文字，分别是"世界再大"和"有我随行！"，并将其放到适当的位置，如图 6-27 所示。

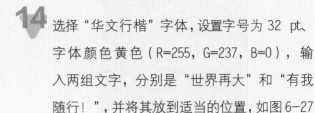

图 6-27　输入文字

15 用"矩形工具"绘制一个和文档等大的矩形，选择文档中的所有对象，在菜单栏中单击"对象→剪贴蒙版→创建"命令，得到如图 6-28 所示效果。

16 将上一步完成的图片放到网页中相应的位置，如图 6-29 所示。

图 6-28　创建剪贴蒙版

图 6-29　图片放到网页

6.4　制作网页边栏

任务分析

本节将完成网页中边栏的制作，包括添加地名及其标志建筑图片。

实施步骤

 在边栏中之前画好的灰色矩形上，用辅助线分隔出一个同矩形等高、宽180像素的区域，如图6-30所示。

图6-30　分隔出一个等高矩形区域

 将图片"北京.jpg"拖入到矩形区域中，用"选择工具"调整大小及位置，如图6-31所示。

图6-31　置入图片

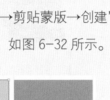 用"矩形工具"绘制一个与矩形区域等大的矩形；按住Shift键，用"选择工具"同时选中矩形和图片，单击"对象→剪贴蒙版→创建"菜单命令，创建剪贴蒙版，如图6-32所示。

图6-32　创建矩形剪贴蒙版

选中底层的灰色矩形，用"选择工具"将其缩小并放置图片的右边，留出一道细长的白色空隙，并将色块改成蓝色（R=180，G=220，B=250），如图6-33所示。

图6-33　制作蓝色块留出白色空隙

 用"文字工具"在色块的中心输入"北京"二字，设置字体为细黑体、字号为13 pt，设置图片的透明度为80%，隐藏辅助线，效果如图6-34所示。

图6-34　输入文字"北京"

用同样的办法完成边栏其余栏目的制作。之后在边栏顶端，使用"文字工具"输入文字"更多目的地 >>"，设置字体为细黑体、字号为12 pt，将其放至边栏的左上角，如图6-35所示。

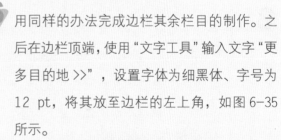

图6-35　完成的边栏

6.5　网页文字排版

任务分析

本节将完成网页主体中文字部分的制作。在制作中要注意文字排版的规律。

实施步骤

1 在题图下方,用"矩形工具"绘制一个宽 300 像素、高 50 像素的矩形,将图片"景区动态.jpg"拖入矩形内,用"选择工具"调整其大小与矩形等高。再次用"矩形工具"绘制一个宽 300 像素、高 50 像素的矩形,置于图片上方;调整图片的位置,用"选择工具"同时选中刚刚绘制的矩形和图片,单击"对象→剪贴蒙版→创建"菜单命令,效果如图 6-36 所示。

图 6-36　题图下方添加板块图片

3 选择"文字工具",设置字体为华文细黑、字号为 12 pt、行距为 21 pt,将素材文档中关于景区动态的文字复制到白色的方框中,"景区动态"的下方,调整文字使之居中,如图 6-38 所示。

图 6-38　调整文字至居中

2 选择"文字工具",设置字体为细黑体、字号为 16 pt,输入文字"景区动态",设置字体颜色为蓝色(R = 0,G = 160,B = 230),放于图的下方并将其居中,如图 6-37 所示。

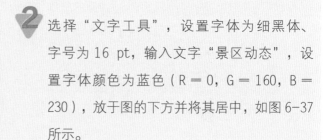

图 6-37　输入"景区动态"

4 用"矩形工具"在其下方绘制一个蓝色(R = 0,G = 160,B = 230)矩形,大小为 75×25 像素。选择"文字工具",输入"More>>",设置字体为中黑、字号为 12 pt,居中放置于蓝色矩形上,如图 6-39 所示。

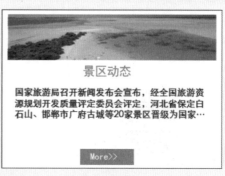

图 6-39　绘制蓝色矩形并输入文字

最后将矩形外框的描边设置为灰色（R = 218，G = 218，B = 218），用"选择工具"将矩形外框的下边调整至与蓝色矩形底边平齐，如图6-40所示。

 用同样的方法制作其余的三个板块。注意，矩形外框的高度可以根据文字内容的多少进行调整，如图6-41所示。

图6-40　设置矩形外框为灰色

图6-41　用同样的方法制作其余三个板块

 选中题图2下方的灰色矩形，将其颜色改为浅蓝色（R = 200，G = 220，B = 240），然后用"文字工具"绘制三个等大的文本框，调整为等间距，如图6-42所示。

 将文字分别输入到三个文字框中，设置文字大小为12 pt、行距为21 pt、字体为华文细黑、居中、颜色为灰色（R = 87，G = 87，B = 87），第一行的标题采用中黑字体，如图6-43所示。网页的制作就完成了，效果如图6-1所示。

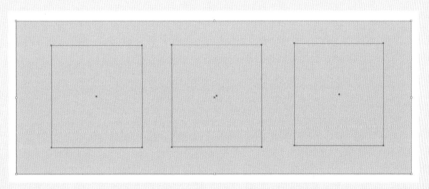

图6-42　绘制三个等大的文字框

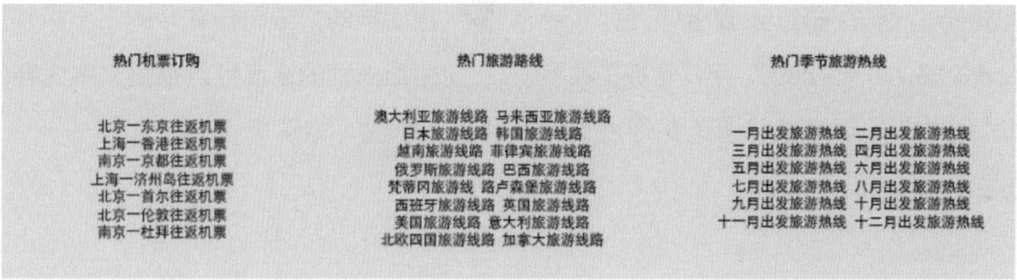

图 6-43　将文字分别输入到三个文本框中

作业

用 Illustrator CC 设计一个你喜欢的旅游景点网站。

单元 **7** 包装设计

7.1 包装设计

任务分析

本节将设计制作的作品为一款木梳的礼盒外包装，其结构类似于火柴盒，由外盒和内盒两部分组成，可以通过抽拉的方式打开，具有使用方便、包装牢固等特点。根据包装设计的基本要求，要在礼盒上突出商家的标志以及名称。

在设计上采用有中国古典特色的吉祥纹样，文字选用篆体，采用稳重、大气的蓝色作为主要色彩。

本案例的外包装盒展开图效果如图 7-1 所示。

图 7-1 外包装盒展开图效果

7.1.1 制作外包装盒平面展开图

实施步骤

1 启动 Illustrator CC，单击"文件→新建"菜单命令，打开"新建文件"对话框，如图 7-2 所示，设置"名称"为"外包装盒平面展开图"，大小为 A3，四周设置 3 mm 的出血线，颜色模式为 CMYK，栅格效果为 300 ppi，单击"确定"按钮。

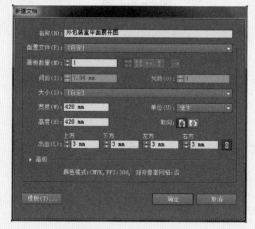

图 7-2　新建文档

2 选择"视图→标尺→显示标尺"菜单命令，打开标尺，然后分别从上标尺和左标尺处拖出辅助线，如图 7-3 所示。

3 选择工具箱中的"矩形工具"，在标尺设定的位置绘制矩形。

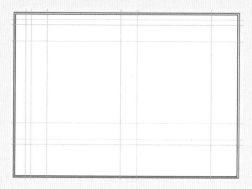

图 7-3　添加辅助线

4 选择工具箱中的"选择工具"，将页面中的所有矩形都选中，填充颜色设置为深蓝色（C = 100，M = 90，Y = 0，K = 20）。

5 选择工具箱中的"直接选择工具"，将画面上、左、下三处的矩形的四个角微移，留出折边，填充白色，如图 7-4 所示。

图 7-4　微移后的矩形效果

6 启动 Photoshop 软件，打开素材文件"包装设计插图 .tif"，单击工具箱中的"橡皮擦工具"，将图片在 Photoshop 软件中修整至理想的状态，存储为 .PSD 格式。

7 在 Illustrator 中，单击"文件→置入"菜单命令，打开"置入"对话框，选择刚修整的 PSD 文件，单击"置入"按钮，将图像插入页面中。

8 将图像放置在图形上方，调整图像大小，如图 7-5 所示。

图 7-5　置入包装设计插图素材

9 单击工具箱中的"钢笔工具"，绘制图案，填充为深蓝色（C＝100，M＝90，Y＝0，K＝20），如图 7-6 所示。

图 7-6　绘制图案

10 将绘制的图案全部选择，按 Ctrl+G 组合键进行编组；选择"效果→路径查找器→差集"菜单命令，将图案组合成一个整体的图形。

11 将刚绘制完的图案复制三个，排列起来。对左右两边图案的大小进行调整，如图 7-7 所示。

图 7-7　复制其余图案进行组合

12 单击工具箱中的"钢笔工具"，绘制一个新的图案，填充为绿色（C＝100，M＝0，Y＝100，K＝0）。将绘制的图案全部选择，按 Ctrl+G 组合键进行编组，选择"效果→路径查找器→差集"菜单命令，将图案组合成一个整体的图形，如图 7-8 所示。

图 7-8　绘制新的图案

13 将绿色图案置于蓝色图案的下方，并再次编组，如图 7-9 所示。

图 7-9　两组图案进行编组

14 将蓝色图形描边为白色，粗细设置为 2.4 pt。

15 复制一个绿色图形，描边为白色，粗细设置为 4 pt，放于绿色图形的下方。

16 将这几个图形编组，放置于画面的合适位置，如图 7-10 所示。

17 复制蓝色图案，与刚才的图形重叠，填充土红色（C＝38，M＝90，Y＝86，K＝36），用同样的颜色描边，粗细设置为 10 pt，放置于图形的下方，如图 7-11 所示。

图 7-10 几组图形编组

图 7-11 图形描边

18 单击工具箱中的"矩形工具"，在页面中绘制一个正方形，填充红色（C＝0，M＝100，Y＝100，K＝5）。

19 单击工具箱中的"文字工具"，输入文字"吉祥和睦"，设置文字方向为垂直、文字颜色为白色、字体为方正小篆体、字号为 21 pt，描边为白色，粗细设置为 0.25 pt，适当调整文字的间距，如图 7-12 所示。

20 单击工具箱中的"矩形工具"，在页面中绘制一个正方形，描边为白色，粗细设置为 1 pt，旋转 45°；再复制三个一样的图形，将四个正方形对齐排列，如图 7-13 所示。

图 7-12 文字制作

图 7-13 绘制矩形并排列

用同样的方法制作四个小正方形，填充橘
黄色（C＝0，M＝30，Y＝100，K＝0），
对齐排列，置于刚才的四个正方形的中间，
如图7-14所示。

单击工具箱中的"直线工具"，绘制三条
直线，置于刚刚绘制的正方形下方，描边
为白色，粗细设置为1 pt，如图7-15所示。

图7-14　绘制橘黄色矩形

图7-15　绘制直线

单击工具箱中的"文字工具"，输入文字
"谭"，文字颜色为土红色（C＝38，
M＝90，Y＝86，K＝36），字体为方正
祥隶简体，字号为23 pt，在"字符"面
板中设置字体宽度 **T** 为166%。

复制文字"谭"，填充文字颜色为白色，
描边也为白色，粗细设置为1.7 pt。

单击工具箱中的"文字工具"，输入文字"木
匠"，文字方向为垂直，文字颜色为土红色
（C＝38，M＝90，Y＝86，K＝36），
字体为方正祥隶简体，字号为16 pt，字
体宽度为109%。

复制文字"木匠"，填充文字颜色为白色，
描边也为白色，粗细设置为1.7 pt，如图
7-16所示。

图7-16　文字制作

27 调整画面中图形的位置、大小。

 28 完成整个外包装盒展开图的设计制作，效果如图 7-1 所示。

7.1.2 制作内包装盒平面展开图

实施步骤

1 启动 Illustrator CC，单击"文件→新建"菜单命令，打开"新建文件"对话框，设置名称为"内包装盒平面展开图"，单击"确定"按钮。

2 选择"视图→标尺→显示标尺"菜单命令，显示标尺，然后分别从水平标尺和垂直标尺处拖动出辅助线，如图 7-17 所示。

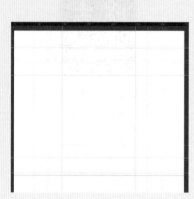

图 7-17　添加辅助线

3 使用工具箱中的"直线工具"画出内盒展开图的形状，如图 7-18 所示。其中，折叠线用虚线表示，切割线用实线表示。

4 选择两条相邻的外部实线，单击鼠标右键，从快捷菜单中选择"连接"命令，将两条线段闭合，如图 7-19 所示。

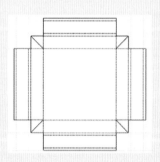

图 7-18　绘制盒形内部的辅助线

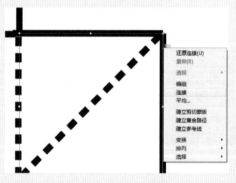

图 7-19　闭合线段

5 使用同样的方法将其他的外部线段闭合。

6 选择工具箱中的"选择工具"，将页面中形状选中，填充深蓝色（C=100,M=90,Y=0,K=60），效果如图 7-20 所示，完成内包装盒展开图的制作。

图 7-20　填充颜色

7.1.3 制作包装立体图

实施步骤

1 接着 7.1.1 节的展开图来做，如果想保留展开图，可以先将文件另存。将页面中多余的部分全部删除，保留作为立体面的部分，也可导出到 Photoshop 中进行删除，如图 7-21 所示。

2 将折边的图形全部选中，然后将其水平缩放一些，以便更好地制作立体效果。

图 7-21　导入图片并进行处理

3 将水平缩放后的图形选中，再双击工具箱中的"倾斜工具" 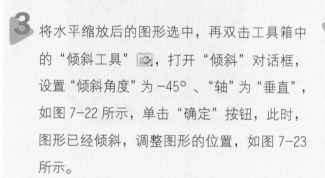 ，打开"倾斜"对话框，设置"倾斜角度"为 -45°、"轴"为"垂直"，如图 7-22 所示，单击"确定"按钮，此时，图形已经倾斜，调整图形的位置，如图 7-23 所示。

4 包装立体效果图包含了外包装盒与内包装盒两个部分，采用抽屉式开合，上方和下方是空心的，在效果图中将露出内包装盒的部分，因此首先要使用"矩形工具"给这个图形添加一块蓝色矩形，然后选中该蓝色矩形，双击工具箱中的"倾斜工具"，打开"倾斜"对话框，设置"倾斜角度"为 45°、"轴"为"水平"，如图 7-24 所示。

图 7-22　倾斜设置

图 7-23　图形倾斜效果

图 7-24　顶部矩形倾斜设置

99

5 设置完成后，单击"确定"按钮，此时，图形已经倾斜。对顶部蓝色矩形的位置进行调整，这样就制作出了产品的立体包装效果图，如图 7-25 所示。

6 将页面中最右边的矩形选中，选择"编辑→编辑颜色→调整饱和度"菜单命令，强度设置为 30%，如图 7-26 所示，单击"确定"按钮，此时，图形的颜色深度将发生变化，以此种方法来增加包装效果的立体感，最终效果如图 7-27 所示。

图 7-25　包装立体效果

图 7-27　包装立体最终效果

图 7-26　调整饱和度

7.2 手提袋设计

任务分析

　　本任务将为某品牌的儿童服饰设计手提袋，如图 7-28 所示。根据包装设计的基本要求，除了方便携带以外，手提袋还要体现产品的特点，因此在手提袋的正反面都要设计公司的品牌以及地址、电话等。

　　因为此款手提袋是儿童物品的附属物，因此选择卡通形象为主要图案，采用明亮、饱和度高的色彩。

图 7-28　手提袋效果图

7.2.1 制作手提袋展开图

实施步骤

1 启动 Illustrator CC,单击"文件→新建"菜单命令,打开"新建文件"对话框;如图 7-29 所示,设置名称为"手提袋展开图",宽度为 540 mm,高度为 380 mm,取向为横向,四周均设置 3 mm 的出血,颜色模式为 CMYK,栅格效果为 300 ppi,单击"确定"按钮。

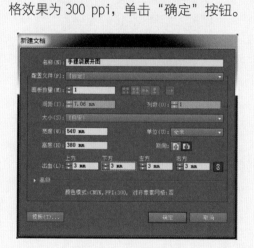

图 7-29　新建文档

2 选择"视图→标尺→显示标尺",显示标尺,然后从水平标尺和垂直标尺处拖动出辅助线,在页面中绘制添加多条辅助线,如图 7-30 所示。

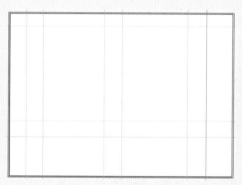

图 7-30　添加辅助线

3 选择工具箱中的"矩形工具",在画面中绘制多个矩形,使用"直接选择工具"调整矩形的锚点,填充白色(C = 0,M = 0,Y = 0,K = 0),如图 7-31 所示。

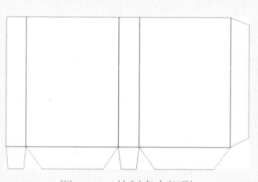

图 7-31　绘制多个矩形

4 选择工具箱中的"矩形工具",在画面中绘制一个矩形,填充绿色(C = 50,M = 0,Y = 100,K = 0),放置在矩形的顶部,如图 7-32 所示。

图 7-32　添加绿色色块

101

5 选择工具箱中的"矩形工具"，在画面中再绘制两个小矩形，分别填充草绿色（C＝70，M＝0，Y＝100，K＝0）和墨绿色（C＝84，M＝38，Y＝100，K＝0），放置在绿色矩形的下方，如图7-33所示。

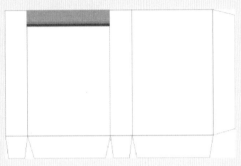

图7-33　绘制两个小矩形

6 选择工具箱中的"椭圆工具"，在画面中绘制一个大椭圆，作为青蛙的头部，填充绿色（C＝50，M＝0，Y＝100，K＝0），如图7-34所示。

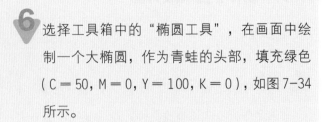

图7-34　绘制一个大椭圆

7 选择工具箱中的"椭圆工具"，在画面中绘制一个小椭圆，作为青蛙的右眼，填充白色（C＝0，M＝0，Y＝0，K＝0），描边为黑色，粗细为0.5 pt，放置在绿色椭圆的左上方，如图7-35所示。

图7-35　绘制一个白色椭圆

8 单击工具箱中的"椭圆工具"，绘制一个小圆，作为青蛙的眼珠，填充黑色（C＝0，M＝0，Y＝0，K＝100），放置在白色椭圆的上方，如图7-36所示。

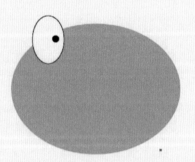

图7-36　绘制一个黑色小圆

9 将白色圆和黑色小圆编组。

10 选中编组图形，将图形进行自由旋转，如图7-37所示。

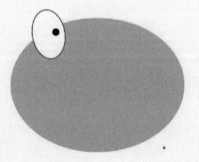

图7-37　编组并旋转

选中编组图形，双击工具箱中的"镜像工具"，
进行垂直镜像复制，参数设置如图7-38所
示。将青蛙的左眼适当放大并旋转，如图7-39
所示。

选择工具箱中的"椭圆工具"，在画面中绘
制一个椭圆，作为青蛙脸上的红晕，填充红
色（C＝0，M＝35，Y＝12，K＝0）

选择"效果→模糊→高斯模糊"菜单命令，
设置模糊半径为18像素，如图7-40所示。

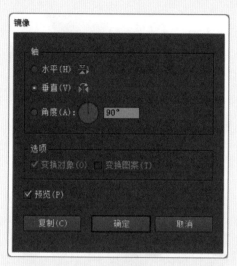

图7-38　镜像设置

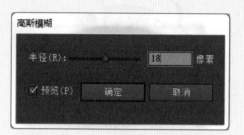

图7-40　高斯模糊设置

按住Alt键同时拖动鼠标，复制一个红晕，
移动至左脸区域，如图7-41所示。

图7-39　调整左眼的大小

图7-41　复制红晕

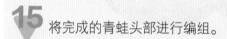
将完成的青蛙头部进行编组。

复制编组后的青蛙头部，填充黑色，放于头
部图层的下方，形成阴影效果，如图7-42
所示。

图7-42　添加头部阴影

17 选择"对象→取消编组"菜单命令，复制脸部的椭圆及其阴影，上方填充绿色（C=70，M=0，Y=100，K=0），下方填充黑色，并将该椭圆放于青蛙脸部的下方，如图 7-43 所示。

图 7-43　填充脸部阴影

18 用同样的方法再制作两个椭圆，分别填充深绿色（C=84，M=38，Y=100，K=0）和暗绿色（C=90，M=55，Y=100，K=30），放于青蛙脸部下方，如图 7-44 所示。

图 7-44　制作两个椭圆

19 选择工具箱中的"钢笔工具"，绘制青蛙的右脚，并填充绿色（C=90，M=55，Y=100，K=30），如图 7-45 所示。

20 复制右脚图形并填充黑色，放置在青蛙的右脚的下方作为阴影，并编组。

图 7-45　绘制青蛙的右脚

21 将编组后的右脚选中，双击工具箱中的"镜像工具"，将右脚镜像并复制，调整方向，将右脚颜色进行修改，填充绿色（C=50，M=0，Y=100，K=0），作为青蛙的左脚，如图 7-46 所示。

图 7-46　制作左脚

22 将青蛙图形全部选中，编组，旋转方向，适当缩放青蛙的大小。

23 选择工具箱中的"椭圆工具"，在画面中绘制一个椭圆，填充黑色，选择"效果→模糊→高斯模糊"菜单命令，设置模糊半径为 53 像素，放于青蛙的下方，如图 7-47 所示。

图 7-47　绘制一个模糊的椭圆

24 选择工具箱中的"文字工具"，输入文字"呱呱叫"，字体为"方正少儿简体"，字体颜色设为浅绿色（C=50，M=0，Y=100，K=0），描边粗细为 12 pt。

25 将文字复制，填充绿色（C=90，M=55，Y=100，K=30），放置在浅绿色文字的上方并编组。

26 选择工具箱中的"文字工具"，输入文字"儿童服饰"，字体为"方正黑体"，填充蓝色（C=100，M=25，Y=0，K=0），如图 7-48 所示。

图 7-48　文字制作

27 选择工具箱中的"矩形工具"，绘制一个矩形条，填充橘黄色（C=0，M=50，Y=100，K=0），放置在文字的下方。

28 选择工具箱中的"文字工具"，输入生产厂家及地址电话，如图 7-49 所示。

29 将图形复制移动至画面的右方，完成手提袋展开图的制作，如图 7-50 所示。

图 7-49　输入其他文字

图 7-50　完成后的手提袋展开图

7.2.2 制作手提袋立体效果图

实施步骤

 将图形中的部分图形选中并删除，图形删除后，剩下的图形效果如图 7-51 所示。然后，将右边图形和左边图形分别进行编组。

图 7-51　删除部分图形

 选中右边的图形，更改其宽度，此时的图形效果，如图 7-52 所示。

图 7-52　更改宽度

 选中左边的图形，选择"对象→变换→倾斜"菜单命令，打开"倾斜"对话框，设置"倾斜角度"为 10°、"轴"为"垂直"，如图 7-53 所示。

图 7-53　倾斜设置

设置完成后，单击"确定"按钮，此时，图形就倾斜了 10°，效果如图 7-54 所示。

图 7-54　倾斜效果

5 选中右边的图形,打开"倾斜"对话框,设置"倾斜角度"为 -22°、"轴"为"垂直",单击"确定"按钮,并调整图形的位置,效果如图 7-55 所示。

图 7-55 右边图形倾斜效果

6 单击工具箱中的"矩形工具",在页面中绘制一个矩形,将其填充颜色设置为 5% 黑色,描边为无,放置到合适位置,如图 7-56 所示。

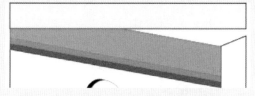

图 7-56 绘制矩形

7 单击工具箱中的"直接选择工具",分别选中刚绘制的矩形的四个锚点,将其放置到合适的位置,如图 7-57 所示。

图 7-57 更改锚点

8 单击工具箱中的"钢笔工具",页面中绘制一条曲线作为手提袋的拎绳,设置曲线颜色为绿色(C=50,M=0,Y=100,K=0)、粗细为 5 pt,放置到合适的位置;将绘制的曲线选中,复制一份,然后,将复制的曲线置于底层,调整其位置,效果如图 7-58 所示。手提袋的最终效果如图 7-28 所示。

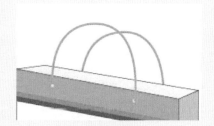

图 7-58 绘制拎绳

关 于 包 装

一、包装概述

包装已成为现代商品生产不可分割的一部分，也成为各商家提升竞争力的一种手段，各厂商纷纷为吸引消费者，不惜重金设计包装，以期提升产品及企业自身在消费者心目中的形象。而今，包装已融入各类商品的开发设计和生产之中，几乎所有的产品都需要通过包装才能成为商品进入流通过程。

包装大致有如下三个方面的功能。

1. 保护功能

保护功能是包装最基本的功能，即保护商品不受各种外力的损坏。一件商品，要经多个流通环节，才能最终到达消费者手中，这期间，撞击、潮湿、光线、气体、细菌等因素，都会威胁到商品的安全。因此，在开始包装设计之前，首先要确定包装的结构与材料，保证商品在流通过程中的安全。

2. 便利功能

所谓便利功能，也就是商品的包装是否便于使用、携带、存放等。一个好的包装，应该以人为本，站在消费者的角度考虑，从而拉近商品与消费者之间的关系，增加消费者的购买欲、对商品的信任度，也促进消费者与企业之间沟通。

3. 销售功能

在市场竞争日益激烈的今天，包装的作用与重要性也为厂商深谙。人们已感觉到"酒香也怕巷子深"。要让自己的产品从琳琅满目的货架中一下子进入消费者的视野，新颖的包装是必不可少的。

二、包装设计的基本任务

包装设计是将美术与自然科学相结合，运用到产品的包装保护和美化方面，它不是广义的"美术"，也不是单纯的装潢，而是包含科学、艺术、材料、经济、心理、市场等要素的综合性任务。

包装设计的基本任务是科学、经济地完成商品包装的造型、结构和装潢设计。

1. 包装造型设计

包装造型设计又称形体设计，大多指包装容器的造型。它运用美学原则，通过形态、色彩等元素的变化，将具有包装功能和外观美的包装容器造型，以视觉形式表现出来。包装容器必须能可靠地保护产品，必须有优良的外观，还需具有与商品相适应的经济性等。

2. 包装结构设计

包装结构设计是从包装的保护性、方便性、复用性等基本功能和生产实际条件出发，依据科学原理对包装的外部和内部结构进行具体考虑的设计。优良的结构设计，应当以有效地保护商品为首要功能；其次应考虑使用、携带、陈列、装运等的方便性；还要尽量考虑能重复利用、能显示内装物等功能。

3. 包装装潢设计

包装装潢设计是以图案、文字、色彩、浮雕等艺术形式，突出产品的特色和形象，力求造型精巧、图案新颖、色彩明朗、文字鲜明，装饰和美化产品，以促进产品的销售。包装装潢是一门综合性科学，既是一门实用美术，又是一门工程技术，是工艺美术与工程技术的有机结合。

作业

参照图 7-59 和图 7-60，制作风格相类似的包装展开图及包装立体图。

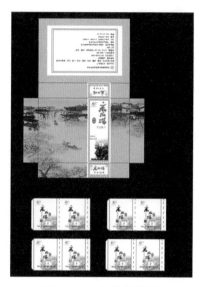

图 7-59　包装展开图

图 7-60　立体效果图

单元 **8** 卡通插画设计

单元目标

学习本单元后，你将能够：

● 了解卡通形象及卡通背景的绘制方法及特点。

● 熟练操作贝赛尔曲线。

● 进行卡通形象的设计制作。

8.1 卡通形象绘制

任务分析

本任务要设计制作的卡通形象是一个小女孩造型，在整个设计制作中轮廓力求清晰简洁，在绘制过程中，通过贝塞尔曲线的操作，描绘出小女孩的造型轮廓。

由于是卡通形象造型，且主题是小女孩，其受众主要是儿童，因此色彩选择及图案设计应符合儿童的心理需求，采用鲜艳明快的色彩，颜色纯度较高，使用暖色系的红黄色以及卡通插画的造型。

卡通女孩形象的最终效果如图 8-1 所示。

图 8-1　卡通女孩

110

8.1.1 绘制脸部

实施步骤

 启动 Illustrator CC，单击"文件→新建"菜单命令，在弹出的"新建文档"对话框中，设置名称为"插画"，画板大小为 A4，取向为纵向，颜色模式选择 CMYK，如图 8-2 所示，单击"确定"按钮。

 单击工具栏上的"钢笔工具"，绘制如图 8-3 所示路径，作为小女孩的脸部轮廓。

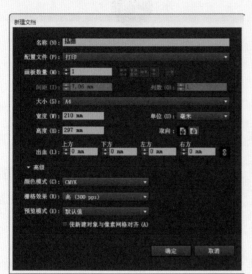

图 8-2　新建文档

图 8-3　绘制小女孩脸部轮廓

 使路径保持选中状态，单击工具属性栏中的"描边"按钮，并设置描边粗细为 0 pt，即路径为无轮廓；设置由浅肉色到肉色的径向渐变，CMYK 颜色设置如图 8-4 和图 8-5 所示，填充路径后的效果如图 8-6 所示。

图 8-5　渐变终止颜色

图 8-4　渐变起始颜色

图 8-6　渐变填充

111

4 在脸部上方绘制一个圆形路径，以制作小女孩的眼珠。设置路径描边粗细为 0 pt，即无轮廓（后面的对象如无特殊说明，皆为无轮廓）。填充黑色，如图 8-7 所示。

5 用"椭圆工具"在眼珠内部绘制一个小圆，填充白色，作为眼睛的高光，如图 8-8 所示。

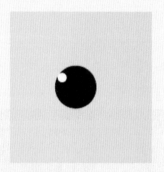

图 8-7　绘制眼珠

图 8-8　绘制眼睛高光

6 至此左边的眼睛就绘制完成了。使用同样的方法，绘制小女孩右边的眼睛，如图 8-9 所示。

7 使用"钢笔工具"，勾勒出小女孩嘴巴的路径，并填充由深红到大红的径向渐变，填充后的效果如图 8-10 所示，CMYK 颜色设置如图 8-11 和图 8-12 所示。

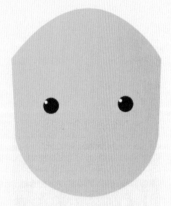

图 8-9　绘制好的双眼

图 8-10　绘制嘴巴

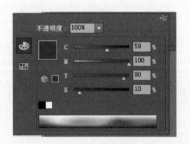

图 8-11　渐变起始颜色

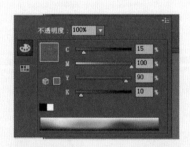

图 8-12　渐变终止颜色

8 使用"钢笔工具"勾勒出小女孩的牙齿，并填充白色（C=0，M=0，Y=0，K=0），如图8-13所示。

9 使用"钢笔工具"勾勒出小女孩的舌头，填充玫红色（C=0，M=70，Y=31，K=0），如图8-14所示。

图8-13　绘制牙齿

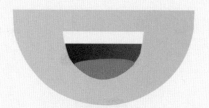

图8-14　绘制小女孩的舌头

10 单击工具箱中的"椭圆工具"，在小女孩的左脸颊上绘制一个圆，用于制作红晕，如图8-15所示；为椭圆填充一个红色到肉色的径向渐变，渐变颜色设置如图8-16、图8-17所示，渐变设置如图8-18所示。

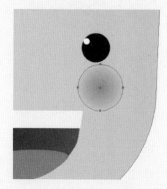

图8-15　径向渐变产生红晕

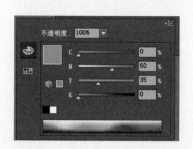

图8-16　渐变起始色

图8-17　渐变终止色

图8-18　渐变设置

用同样的方法制作女孩右脸颊上的红晕，完成后的效果如图8-19所示。

图8-19　制作好的红晕

图8-20　眉毛形状和颜色

图8-21　复制另一边的眉毛

用"钢笔工具"在小女孩的眼睛上方绘制眉毛的形状，填充为棕色（C=40，M=65，Y=90，K=36），如图8-20所示。按住Alt键，同时用鼠标左键拖曳眉毛到合适的位置，复制一个眉毛，如图8-21所示。这样，小女孩的脸部就基本完成了，如图8-22所示。

图8-22　女孩脸部图

使用"钢笔工具"绘制如图8-23所示路径，制作小女孩的右耳朵，在路径内填充肉红色，颜色为（C=0，M=20，Y=25，K=0）。以同样的方法绘制小女孩的左耳朵，最终效果如图8-24所示。

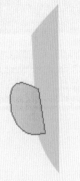

图8-23　绘制耳朵

图8-24　耳朵绘制完成

贝塞尔曲线

贝塞尔曲线（Bézier curve）是应用于二维图形应用程序的数学曲线。一般的矢量图形软件都通过它来精确绘制曲线。贝塞尔曲线由线段与节点组成，节点是可拖动的支点，线段像可伸缩的皮筋。绘图工具中的"钢笔工具"就是用来绘制这种矢量曲线的。Illustrator的所有矢量图都是由贝塞尔曲线构成的，而贝塞尔曲线只要通过简单的操作就可以绘制出复杂的边线轮廓，产生精密、丰富的效果，因此Illustrator在卡通绘制领域有着不可忽视的地位。使用Illustrator绘制的卡通形象色彩鲜艳，风格明快，拥有其他软件所难以替代的优势。

8.1.2 绘制头发

实施步骤

 用"钢笔工具"勾勒如图8-25所示路径，作为头发的轮廓；然后为头发填充由浅橘色到深橘色的径向渐变，渐变颜色设置如图8-26、图8-27所示。

图8-25 绘制头发

图8-26 渐变起始色

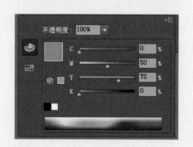

图8-27 渐变终止色

 选择"椭圆工具"，按住Shift键，绘制一个圆形，作为小女孩的发辫；在圆形中填充与头发一样的颜色，如图8-28所示，然后通过"图层"面板将圆形置于顶层。

图8-28 绘制一个圆形

115

按住 Alt 键，用鼠标拖曳圆形，将圆形复制一个，并分别在头发的左、右下方，如图 8-29 所示。至此头部的绘制已经完成。

图 8-29　复制圆形并调整大小位置

8.1.3　绘制身体

实施步骤

 用"钢笔工具"勾勒如图 8-30 所示路径，作为小女孩的脖子。在路径中填充肉色（C=0，M=22，Y=14，K=0），在"图层"面板中调整脖子图层的位置，使其位于脸部图层的下方、头发图层的上方。

 用"钢笔工具"勾勒如图 8-31 所示路径，作为小女孩的裙子，在路径中填充红色（C=2，M=88，Y=71，K=0）；然后，以同样的方法绘制小女孩裙子两边的袖子，如图 8-32 所示。

图 8-31　绘制裙子

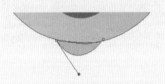

图 8-30　绘制脖子

图 8-32　绘制裙子的两个袖子

用"钢笔工具"按照身体的形状曲线勾勒出
小女孩裙子外面的围裙轮廓路径，如图 8-33
所示。如图 8-34 所示，为裙子填充线性渐变，
CMYK 颜色设置值如图 8-35 和图 8-36 所示，
渐变后的效果如图 8-37 所示。

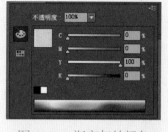

图 8-35　渐变起始颜色

图 8-33　绘制围裙的轮廓路径

图 8-36　渐变终止颜色

图 8-34　设置渐变

图 8-37　渐变填充后的裙子效果

 用"钢笔工具"在裙子的上方勾勒出手臂的
形状，如图 8-38 所示，填充肤色，CMYK 颜色
设置如图 8-39 所示。

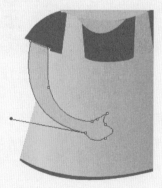

图 8-38　绘制右手臂

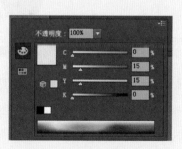

图 8-39　手臂颜色

117

5 用同样的方法勾勒出小女孩的左手臂,填充
与右手臂一样的肤色,如图8-40所示。

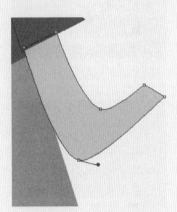

图 8-40　绘制左手臂

6 用"钢笔工具"勾勒小女孩左手的形状,如
图8-41所示,为其填充和手臂一样的肤色。
在"图层"面板中调整手的位置,使其位于
上方。

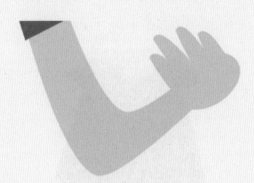

图 8-41　绘制左手

7 用"钢笔工具"勾勒小女孩右腿的形状,如
图8-42所示,为其填充和手臂一样的肤色。
在"图层"面板中调整腿的位置,使其位于
裙子下方。如图8-43所示,画出小女孩鞋子
的形状,填充为红色,颜色设置如图8-44所
示。

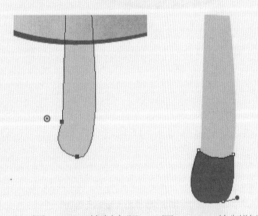

图 8-42　绘制右腿　图 8-43　绘制鞋子

图 8-44　填充鞋子颜色

8 用同样的方法绘制小女孩的左腿及鞋子,调
整两条腿的上下位置,使人物看上去保持平
衡,效果如图8-45所示。

9 用"钢笔工具"绘制小女孩的袜子,填充白色,
调整袜子的上下位置,使人物鞋子与腿衔接
自然,效果如图8-46所示。

图 8-45　绘制好的双腿　　　　　　　　　图 8-46　绘制袜子

10 用"钢笔工具"勾勒出小女孩手上画笔的形
状，如图 8-47 所示。在路径中填充由棕色
到浅棕渐变颜色，渐变及其颜色设置如图
8-48 ～图 8-50 所示。

图 8-47　画笔的绘制　　　　　　　　　　图 8-48　渐变设置

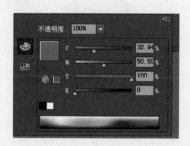

图 8-49　渐变起始颜色　　　　　　　　　图 8-50　渐变终止颜色

用同样的方法绘制画笔头上方的银色部分，填充渐变颜色，整体效果如图 8-51 所示。

图 8-51　画笔中间的部分

 用"钢笔工具"在页面中绘制画笔的笔刷部分，如图 8-52 所示。进行线性渐变填充，绘制一个由深土黄到浅土黄色的渐变，渐变颜色设置分别如图 8-53 和图 8-54 所示。

图 8-52　画笔中笔刷的部分

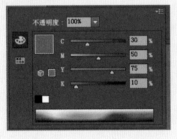

图 8-53　渐变起始颜色

图 8-54　渐变终止颜色

 选中绘制好的画笔，在"图层"面板中调整各部分的上下位置，使人物的手位于画笔的上面，使画笔与人物的衔接自然，如图 8-55 所示。

图 8-55　卡通人物形象完成

8.2 插画背景制作

任务分析

本任务将为小女孩绘制一个背景，使整个画面更加丰富、完整。

在背景的绘制过程中力求用简洁的造型达到丰富多变的视觉效果，在配色上注意与卡通人物和背景的搭配衔接，依然采用明快鲜艳的颜色，让画面更加活泼。

卡通插画背景的最终效果如图 8-56 所示。

图 8-56　卡通插画背景

8.2.1　绘制背景

实施步骤

 用"矩形工具"在页面中绘制一个矩形，如图 8-57 所示。在矩形中填充由天蓝色到白色的线性渐变，渐变设置和 CMYK 颜色设置分别如图 8-58 和图 8-59 所示。

图 8-57　绘制一个矩形

图 8-58　线性渐变设置

图 8-59　天蓝色作为渐变起始颜色

2 用"钢笔工具"在页面中绘制一个小山坡形状，
如图 8-60 所示；填充绿色，将其作为地面，
CMYK 颜色设置如图 8-61 所示。

3 用"钢笔工具"在画面中勾勒出一个树丛的
形状，如图 8-62 所示，将其填充为深绿色，
CMYK 颜色设置如图 8-63 所示。

图 8-60　绘制一个小山坡

图 8-62　绘制树丛

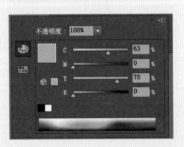

图 8-61　设置绿色

图 8-63　设置绿色树丛

4 用"钢笔工具"绘制天空中的云朵，填充白色，如图8-64所示。下面为云朵制作一种虚幻的效果。在工具属性栏中将云朵的不透明度设置为80%，如图8-65所示；在菜单栏中选择"效果→模糊→高斯模糊"命令，如图8-66所示，设置"半径"数值为10像素，如图8-67所示，模糊后的云朵效果如图8-68所示。

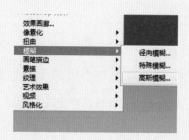

图 8-66　选择"高斯模糊"命令

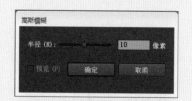

图 8-67　设置高斯模糊半径

图 8-64　绘制云朵

图 8-68　高斯模糊后的白云效果

图 8-65　设置云朵的不透明度

5 按住Alt键并拖动云朵，复制3个云朵，分别放置在天空中的不同位置，如图8-69所示。

图 8-69　复制云朵

123

8.2.2　绘制花草

实施步骤

1 用"钢笔工具"在小山坡上绘制小草的形状，如图8-70所示；填充由深绿色到浅绿色的线性渐变，渐变设置和渐变颜色设置如图8-71～图8-73所示，效果如图8-74所示。

图8-72　渐变起始颜色

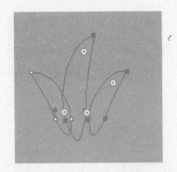

图8-70　绘制草的形状

图8-73　渐变终止颜色

图8-71　渐变设置

图8-74　渐变填充后的小草效果

2 绘制花朵来装饰点缀绿草。使用"椭圆工具"分别绘制一个橙色和一个中黄色的圆，颜色分别为（C=0，M=80，Y=95，K=0）和（C=0，M=50，Y=100，K=0），如图8-75所示。

图8-75　绘制花朵

3 选中绿草，按住 Alt 键进行拖动，复制出 5 棵绿草。将画面上的小草进行适当的缩小和变形，按照近大远小的透视原理安排位置，对草地丰富和点缀，如图 8-76 所示。

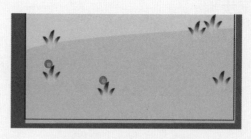

图 8-76 复制小草图形

4 沿着画板的大小绘制一个矩形，选择画面中的所有形状，单击"对象→剪切蒙版→建立"菜单命令，这样就将画面中多余的部分裁剪掉了，如图 8-77 所示，画面中画板以外的部分就隐藏起来了。至此插画背景部分就绘制完毕了。

图 8-77 添加蒙版

8.2.3 绘制画架

下面绘制的是一个画架的造型。画架放置在画面的左边，使画面整体上更加丰富。使用"钢笔工具"来绘制画架，完成后的效果如图 8-78 所示。

图 8-78 画架造型

实施步骤

1 用"钢笔工具"勾勒出画架的主架体,如图8-79 所示。在路径中填充水红色,CMYK 颜色值为 (C=5, M=14, Y=38, K=0)。

2 继续用"钢笔工具"勾勒出画架主架体的下方的横梁,填充水红色(C=5, M=14, Y=38, K=0),如图8-80 所示。

图 8-79 画架的主架体

图 8-80 画架下方的横梁

3 如图8-81 和图8-82 所示,用"钢笔工具"分别绘制出画架的厚度部分。CMYK 颜色设置如图8-83 所示。分别选中厚度部分,按住 Alt 键进行拖动,分别复制一份,放置到合适的位置,在"图层"面板中调整图层位置,将厚度部分都置于前面画架的下方,使画架主架体呈现出立体效果,完成后如图8-84 所示。

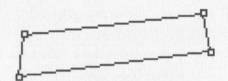

图 8-82 画架下面的厚度部分

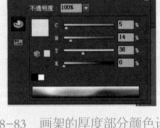

图 8-83 画架的厚度部分颜色设置

图 8-81 画架侧面的厚度部分

图 8-84 画架的立体效果

用"钢笔工具"绘制画架的支架形状，在路径中填充颜色，CMYK 颜色值为（C=16，M=29，Y=55，K=0），如图 8-85 所示。

 用"钢笔工具"绘制画架的支架厚度部分，在路径中填充颜色，CMYK 颜色值为（C=30，M=43，Y=70，K=0），如图 8-86 所示。选中支架和支架厚度部分，将其编组，然后按住 Alt 键进行拖动，复制一个，放置到合适的位置，在"图层"面板中调整位置，将厚度部分都置于主架体的下方，如图 8-87 所示。

图 8-86　画架的支架厚度绘制

图 8-85　绘制画架的支架

图 8-87　复制支架

图 8-88　绘制画架上的白纸

图 8-89　小女孩和画纸融为一体的视觉效果

用"钢笔工具"分别绘制画板上的白纸形状，并填充白色。在"图层"面板中调整白纸的位置，将其置于画板的上方，如图 8-88 所示。

选中小女孩图像，按住 Alt 键进行拖动并放到白纸的上方。将画面上的小女孩进行适当的缩小和变形，按照近大远小的透视原理安排位置，得到小女孩和画纸融为一体的视觉效果，如图 8-89 所示。

8 将小女孩和画架放在背景上，调整大小和位
置，一幅完整的卡通图画就完成了如图8-90
所示。

图8-90　完整的卡通插画

漫画基础知识

1. 描线

在铅笔图的线上，用蘸水笔和墨水画上本线，也可以用签字笔，还可以用制图笔、马克笔。现在
市场上有很多种描线工具，但主要还是用蘸水笔，即蘸墨汁或墨水来画的画笔。

2. 画格

用分格线将漫画区划分成若干个格子，类似小学生使用的方格本。

3. 草图

大部分的漫画家在正式画原稿以前，都会画一份准备稿，即草图。草图可以十分简略，也可以比
较接近完成稿，依具体情况和漫画家的喜好而定，但需能反映完成稿的大致比例与内容。

4. 角色

指漫画中的人物。可以是人，也可以是拟人的物。

5. 背景

用于衬托角色的景物。

6. 对话框

用云形的框线将角色对话围起来，框线突出的尖角指向角色，表示是哪个角色说的话。

7. 涂黑

将漫画原稿中的一些地方涂成黑色。在传统的漫画画法里，使用毛笔和墨汁进行涂黑。现在多用蘸水笔或用广告颜料的黑色或油性马克笔来涂黑。

8. 修白

用白色广告颜料修正画错的地方，类似学生使用涂改液来修改错别字。

9. 网点纸

印有各种花纹、背面有背胶的薄的透明纸，可以裁剪成任意形状。网点纸通常用来处理灰色调部分，以产生阴影效果或特殊效果。

10. 力道变小

力道是指在用笔画作画时，用力的大小。在绘制由粗变细的线条时，力道要逐渐减小，否则无法画出漂亮的线条。

11. 反白

反白是指在涂黑的部分放入白色的字，或是用白色的线画图。不管是图还是文字，原稿上如果有反白的部分，都会放一张描图纸在上面。如果是文字的话，则要在文字的涂黑部分上放张描图纸，然后用铅笔在纸上写出要放的文字，在旁边注明要反白；如果是图的话，一般是在右下角注明哪个格子的图需要反白。

作业

1. 用 Illustrator CC 绘制"蜗牛"卡通形象，如图 8-91 所示。

2. 用 Illustrator CC 为"蜗牛"卡通形象设计背景。

图 8-91　蜗牛

郑重声明

高等教育出版社依法对本书享有专有出版权。任何未经许可的复制、销售行为均违反《中华人民共和国著作权法》，其行为人将承担相应的民事责任和行政责任；构成犯罪的，将被依法追究刑事责任。为了维护市场秩序，保护读者的合法权益，避免读者误用盗版书造成不良后果，我社将配合行政执法部门和司法机关对违法犯罪的单位和个人进行严厉打击。社会各界人士如发现上述侵权行为，希望及时举报，我社将奖励举报有功人员。

反盗版举报电话　　（010）58581999　58582371
反盗版举报邮箱　dd@hep.com.cn
通信地址　北京市西城区德外大街4号　高等教育出版社法律事务部
邮政编码　100120

读者意见反馈

为收集对教材的意见建议，进一步完善教材编写并做好服务工作，读者可将对本教材的意见建议通过如下渠道反馈至我社。

咨询电话　400-810-0598
反馈邮箱　zz_dzyj@pub.hep.cn
通信地址　北京市朝阳区惠新东街4号富盛大厦1座
　　　　　高等教育出版社总编辑办公室
邮政编码　100029

防伪查询说明

用户购书后刮开封底防伪涂层，使用手机微信等软件扫描二维码，会跳转至防伪查询网页，获得所购图书详细信息。

防伪客服电话
（010）58582300

学习卡账号使用说明

一、注册/登录

访问http://abook.hep.com.cn/sve，点击"注册"，在注册页面输入用户名、密码及常用的邮箱进行注册。已注册的用户直接输入用户名和密码登录即可进入"我的课程"页面。

二、课程绑定

点击"我的课程"页面右上方"绑定课程"，在"明码"框中正确输入教材封底防伪标签上的20位数字，点击"确定"完成课程绑定。

三、访问课程

在"正在学习"列表中选择已绑定的课程，点击"进入课程"即可浏览或下载与本书配套的课程资源。刚绑定的课程请在"申请学习"列表中选择相应课程并点击"进入课程"。

如有账号问题，请发邮件至：4a_admin_zz@pub.hep.cn。